すし図鑑ミニ

寿司食材图鉴

ぼうずコンニャク
Masataka Fujiwara
[日] 藤原昌高 著
刘昊 倪俊华 译

中国轻工业出版社

序言

本书编写的初衷是希望您开心地了解“寿司的世界”，此外我们也希望您在享受美食的同时能够思考：什么是“良好的饮食方式”？

食物的世界庞大而多样，但除了水和盐以外，其他都是生物。人类饮食毫无疑问会对自然造成破坏，人口数量的增长以及现代化开发也会导致粮食匮乏。“良好的饮食方式”必须善待自然，并兼顾粮食匮乏地区的需求。

什么是“不好的饮食方式”呢？简单来说，就是偏食，比如只吃陆地上的肉类和谷物，或者只吃金枪鱼和鲑鱼等这些海产品。用固定大小的渔网进行捕捞时，捕获到的鱼通常因为体形太小或数量不足，即使可以被食用，约半数的渔获也会被抛弃浪费，这样的情况并不少见。此外，由于人们对鰤鱼、鲑鱼以及金枪鱼的喜爱，对这类鱼的人工养殖逐年增加。我们并非要否定人工养殖，但考虑到对自然的影响和尚在挨饿的人口，只吃这些大型鱼的想法并不正确。

金枪鱼块在日本筑地海鲜市场被切分。根据入刀后切分部位的不同，价格可能相差数万日元。真不愧是一场“用真刀决胜负”的竞赛。

典型寿司店的样子。即使是普通的寿司店，也会罗列十多种不同的寿司食材。

“江户前寿司”使用的是江户湾（现为东京湾）捕获的“下等鱼类”，也就是小鱼。小肌、春日子（鲷的幼鱼）和竹荚鱼等，这些小鱼一条就能捏出一贯握寿司，是这种寿司的魅力所在。寿司通常不只使用单一的食材，而是利用多种不同食材，所以，很多零星的食材做成寿司也会大放异彩。就水产品而言，寿司是最能够有效利用捕获鱼类而制作的料理。

随着对寿司食材了解的增加，能吃到的东西就会更丰富。您可能会吃到完全未知的鱼，并惊讶其出乎意料的美味，这种情况并不少见。此外，如果能够知道寿司食材的名称，以及对应的生物，也会让食用寿司的享受倍增。寿司既美味又让人愉悦，并且对自然和人类都很友好。

作者：坊主蒟蒻

在日本筑地市场寿司食材的批发商店。每种食材都是精挑细选，从中可以感受到寿司诞生 200 年来的历史厚重感。

用固定渔网捕捞起的，除了鱼还是鱼。不止有鲷鱼、比目鱼和竹荚鱼，还有近百种其他鱼类和海鲜，包括鱿鱼。

目录

红肉鱼

鲑鱼

鱼子

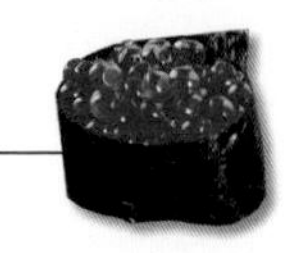

亮皮鱼

鳗鱼

白肉鱼

乌贼和章鱼

贝类

虾蟹

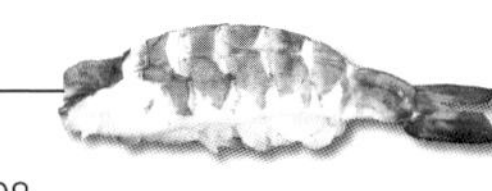

其他

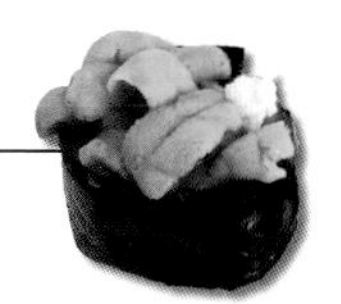

如何使用本书

本书是帮助您了解和享用寿司的“手册”。为了方便您在店里和家中轻松使用，通俗易懂的大尺寸图片展示了手握寿司和相关鱼类。书中的“标签”可让您在寿司店点餐时快速查找想要品尝的寿司类型。

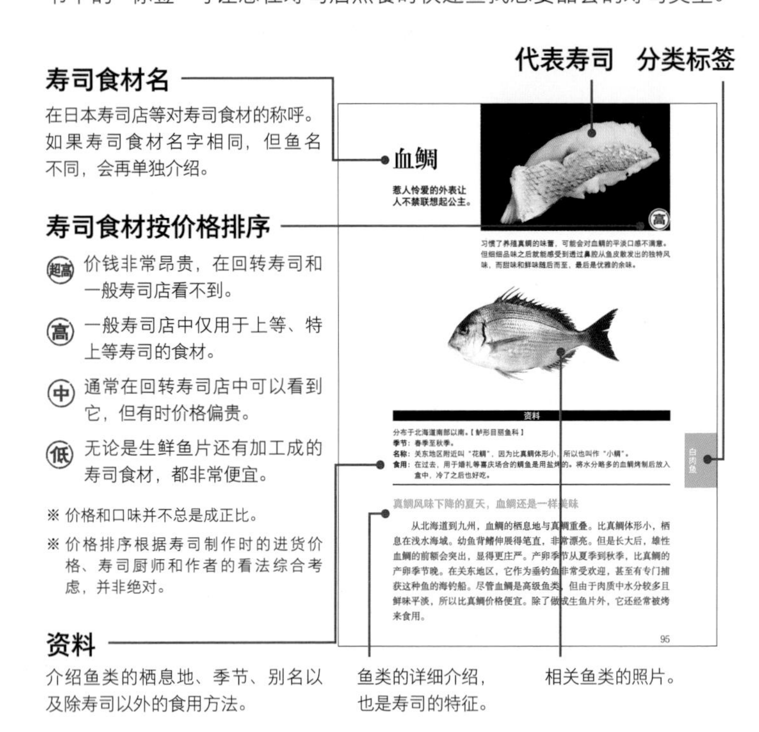

寿司的历史

作为古代东南亚的发酵食品的“寿司”，进入日本后变化为多种形式，最后登场的是江户前的握寿司。表示寿司的两个汉字“鮨”和“鮓”，出现在公元前后的中国。“寿司”其实是一个音译词。寿司的来源众说纷纭，有的说“鮨”字是代表了用鱼类等发酵的食品，有的则说寿司本来指用盐腌制的鱼类，正确的汉字应该是“鮓”。

寿司发源于古代东南亚的水稻种植区，由盐渍的鱼和大米一起经过乳酸发酵制成。在日本奈良时代之前传到日本，由表示酸度的汉字“鲊”产生了“寿司”一词。日本最早的寿司形式叫作“熟寿司”，是将海鲜先用盐腌制，用水洗去盐后，与大米一起腌制而成，耗时数月或数年，与现代的寿司完全不同。它类似于腌制品，在日本平安时代，据说“寿司是配饭吃的下饭菜”。

从日本的镰仓时代到室町时代，这种发酵食品变成了“米制品”。这就是“生熟寿司”。缩短了发酵时间，原来在熟寿司中的成粥状的米粒此时保留了颗粒状，因此鱼和米饭都可食用。很长一段时间，“寿司”作为腌制品存在，甚至在昂贵的醋得以被大量生产的江户时代，这种熟寿司也还继续被大量制作。

另外，据说在日本镰仓时代诞生了另外一系列“寿司”，例如饭寿司和腌渍物寿司。干鱼、盐渍的海鲜以及蔬菜在曲中腌制而成。现在，在日本北陆道和东北地区等寒冷的地方，这种利用曲发酵的方法还继续保留着。

在日本的室町时代，作为大阪寿司原形的箱寿司（押寿司）开始出现，将鱼片铺在米饭上，然后压紧腌制而成。与现在的寿司不同的是，这种箱寿司仍然会经历发酵阶段。

用醋调味的寿司饭在日本江户时代登场。这种寿司用树叶或者细竹叶包裹住，稍微放置后，让味道渗透到寿司之中。

现在的寿司饭用醋和盐调味制成，再配上煮过或用醋腌制过的鱼。这种握寿司首先出现在江户时代的文政时期（1820 年前后）。据说是东京两国地区的华屋和兵卫发明了这种寿司。这种早期的寿司，就是江户前握寿司的雏形。

江户前握寿司立即传到了大阪，但是大阪还是以“箱寿司”和“棒寿司”为主，江户前握寿司只不过是江户（现在的东京）的本地料理。随后发生的两次悲剧，导致了寿司在全日本范围的普及。第一次是日本关东大地震。东京的街道和餐厅被摧毁，失去工作的寿司厨师分散到日本全国各地，促使了江户前握寿司的扩张。第二次是在第二次世界大战后，在严格的食品管控下，大部分餐饮店被禁止营业，东京的“寿司工会”宣布了一个恢复营业的条件，就是“以一合米（150 克）作为交换，收取手续费后，做成十贯寿司”，满足这个条件的餐饮店可以有营业许可。这让江户前握寿司在全国范围内推广，逐渐成就了江户前握寿司现在的繁荣。

本书虽然侧重于江户前握寿司，但如果放宽视角就会发现，整个日本都存在着各个不同时代的“寿司”。我们不仅要品尝著名的江户前握寿司，还要享用日本各地各具特色的地方寿司。在赏味之旅中，了解日本各地的文化，也能增进对历史的了解。

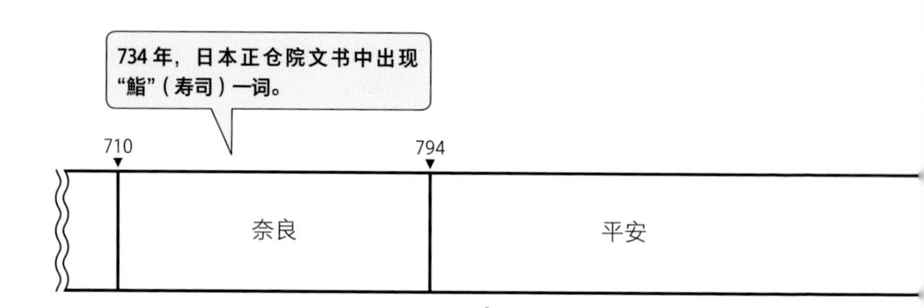

从东南亚传入日本

鲫鱼寿司

日本滋贺县琵琶湖的“鲫鱼寿司”

这种寿司具有拥有强烈的气味，所以对它的感情呈现两极分化。春季，将产卵期带子的鲫鱼去除内脏，涂盐后和大米一起腌制。腌制期从半年至数年不等，经过乳酸发酵而制成。大米经过发酵，像粥一样，所以食用时基本只吃鱼肉。

鲭鱼熟寿司

日本滋贺县朽木的“鲭鱼熟寿司”（全发酵寿司）

这种寿司有非常强烈的气味。在日本若狭地区，将春季产卵期的鲭鱼只用盐腌制，而到了山区的余吴和朽木地区，则往鱼腹中填入大米，一同发酵。发酵的程度强弱不等。

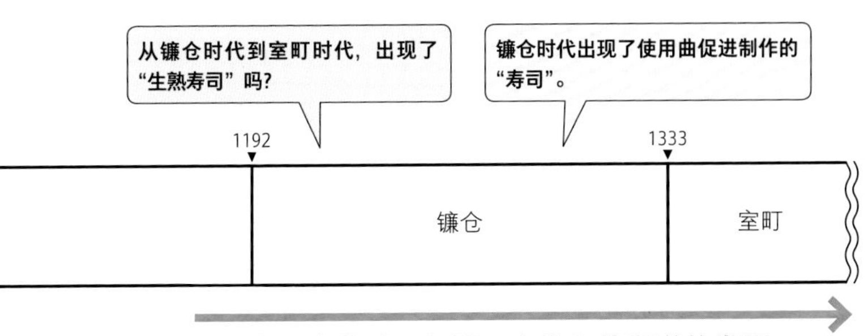

秋刀鱼生熟寿司

日本三重县尾鹫市的“秋刀鱼生熟寿司”

也称为“saera 寿司”。它是三重县和歌山县的特色料理。有米饭和秋刀鱼都经过强烈发酵，只能吃鱼肉的“熟寿司”，还有米饭和鱼肉都可食用的“生熟寿司”和“早寿司”（“棒寿司”）等。

饭寿司

日本北海道的“鲑鱼饭寿司”

在日本东北部和北海道都可以看到的“饭寿司”。照片中是用红鲑鱼制作的。还可以用粉红鲑等其他鲑鱼，或者鲱鱼、比目鱼等制作。带有曲的甜味，几乎感觉不到酸味。

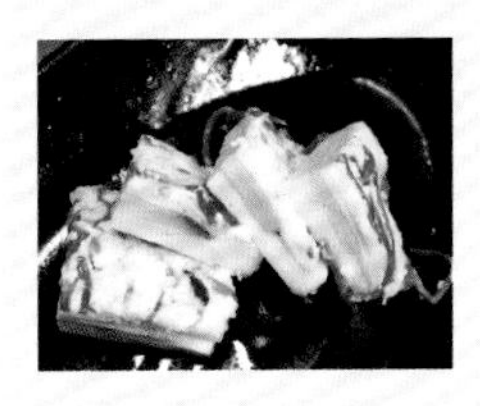

芜菁寿司

日本石川县的“芜菁寿司”

用盐腌过的黄甘鱼、芜菁和曲制成。还有用萝卜和鲭鱼制作的“萝卜寿司”。相比鱼来说，芜菁和萝卜才是这种寿司的主角。这种寿司其实更像腌渍食物，在石川县和富山县很常见。

将饭用醋一点点调味做成的寿司。

18 世纪初，竹叶卷寿司诞生了。

1573	1603	1700

室町	安土・桃山	江户

日本室町时代初期，"箱寿司""押寿司"诞生了吗？

押寿司

京都的"押寿司"

先把饭铺平，再把烹饪过的"Kokera"鱼片铺在米饭上，并用重物压实。没有发酵过程，但是保留了"压制 = 腌渍"这种传统做法。

棒寿司

日本爱媛县宇和岛市的"鲭鱼棒寿司"

最初，棒寿司是将鱼用盐腌制后，切开鱼腹并在其中装入米饭，通过挤压使其发酵制成。如今，没有了发酵过程，成为用烹调过的寿司饭制成的"早寿司"。

竹叶卷寿司

东京的"竹叶卷寿司"

有的说法是竹叶卷寿司出现于 18 世纪的早期，也有说是晚期，是江户前握寿司出现之前的寿司。

竹叶卷寿司的做法是在醋和盐调味的寿司饭上面再放上煮过或泡过醋的鱼或日式煎蛋（"玉子烧"），然后用竹叶裹成棒状。在关西地区，这种寿司可以看作押寿司的一种进化形态。

1820 年左右，江户前握寿司的诞生了。

制冰技术的出现，让鲜鱼做成寿司食材成为可能。

第二次世界大战后，在委托加工时代，江户前握寿司成为最基本的寿司。

1820	1868	1912	1926	1989
	明治	大正	昭和	平成

1947 年的江户前寿司，成为寿司目前的形式。

1923 年关东大地震，东京寿司厨师分散至日本各地。

江户前握寿司

东京的“江户前握寿司”

中等价位的寿司套餐，由七至八贯握寿司、半个或一个卷寿司构成。在第二次世界大战之前，一贯握寿司的大小是现在的 3 倍左右，四贯为一人份。从战后的昭和 22 年（1947 年）开始，按照东京的“寿司工会”颁布的委托加工业基准，即“一合米（150 克）十贯寿司”开始制作寿司，从此之后，一贯寿司的尺寸变小。

寿司店的形态

寿司店一如既往在门口挂着店名的布帘。

寿司店的布局是第二次世界大战之后设计出来的。城镇中一般的寿司店的结构大致相同。传统的寿司店，进门会看到一个寿司吧台。店中设有桌子座位和榻榻米座位。寿司吧台后面有一个顾客看不见的厨房，是准备相关的寿司食材的地方。寿司食材透明柜前面高起的地方是寿司台，握好的寿司就会放在这里。老板采购寿司食材、并在店里准备，倾听顾客的口味的偏好，并根据寿司食材调整寿司饭的大小，此外，还会为客人提供酒类和喜欢的配菜，这些都是在回转寿司店里不能体会到的好处。但是这类传统寿司店也有一些缺点，因为从外面看不到寿司店内的情况，所以能否吃到美味的寿司，全靠运气。

从小吃摊开始，到外卖和堂食的寿司餐厅，再到回转寿司的出现，寿司的世界发生了巨大的变化

在日本江户时代，寿司有四种商业类型：沿街叫卖、在小吃摊站着食用、外卖及在榻榻米上食用。寿司厨师坐着捏寿司，而顾客在小吃摊则站着吃。到了昭和时代，寿司厨师开始站着捏寿司。第二次世界大战结束后，寿司食材的透明柜开始出现，开创了现在寿司店的形态。由于“过去顾客是站着食用寿司”或者“寿司厨师是站着捏寿司”的缘故，个人经营的寿司店在业界被称为“站立店”或者“站立寿司店”。

回转寿司于1958年在日本大阪诞生，连锁店经营方式的形成则

站立寿司店

专栏❶

在 20 世纪 60 年代末期。寿司在传送带上回转，客人根据自己的喜好从传送带上取下寿司食用。寿司厨师在椭圆形传送带的中间捏寿司，这种类型的寿司店被称为 O 形回转寿司店。它继承了基本的站立寿司店形态，通过扩大不同价位寿司的种类，延续至今。

到了日本平成时代（1989 年开始），以统一价格售卖、没有厨师、使用的寿司食材是现成品，由机器人在厨房制作寿司的寿司店开始出现，而客人通过屏幕点单。这种寿司店被称为 E 型回转寿司店。

此外，由于近年来不断增加的站立寿司店，20 世纪 60 年代开始出现的外卖寿司、超市销售的寿司以及送货上门寿司等不同模式的加入，无论是价格还是寿司食材的种类，都已经变得非常多样化。

O 形回转寿司店

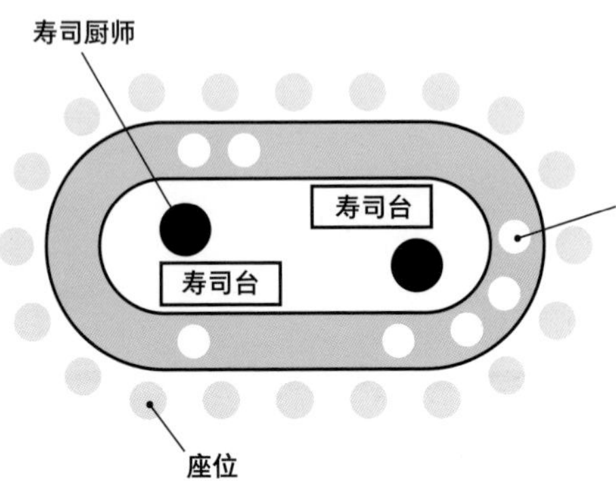

不同的盘子颜色和图案标志着不同寿司价格。有时，能吃到比站立寿司店更贵的寿司食材。

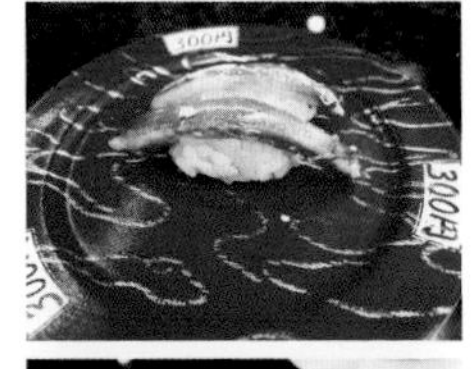

能够品尝不同地域的鱼类是非常享受的事情。在日本鹿儿岛的寿司店“Mekkemon”，品尝当地鱼类是其魅力所在。

1958 年，受到传送带的启发而诞生的寿司店。这种店的基本形式是，在椭圆形传送带的中间，寿司厨师准备寿司，并在透明柜中展示寿司食材。寿司饭的重量不固定。有的店家会在购入新鲜食材后在店内准备，有的则直接使用加工品。其特征是保留了站立寿司店的浓郁特征。在它诞生之初，寿司售价便宜，但是由于最近扩大了价格范围，它能提供比站立寿司店更昂贵的寿司食材，或能够提供当地新鲜食材。消费可高可低，丰俭由人。有些店铺还提供酒类和生鱼片，价格也一目了然。

E 形回转寿司店

客人的座位附近有一个触摸屏，可以点单和结账。

E 形回转寿司店中，寿司或者烤猪松板肉是很常见的菜品。

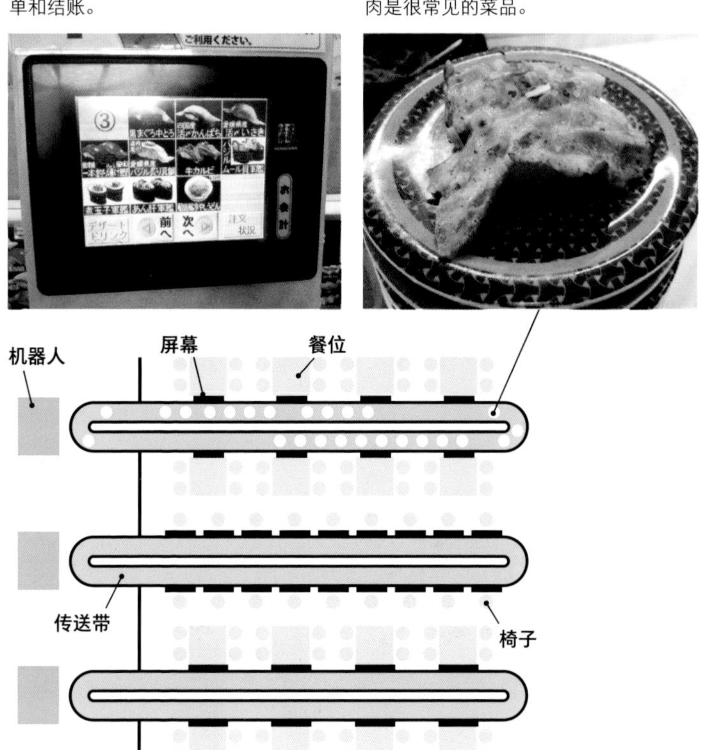

出现于平成时代，店内只能看到传送带，而厨房则是隐藏不可见的。寿司饭的重量固定、现成的寿司食材只需放到饭上，由机器人握或者卷成寿司。点单和结账也都是通过触摸屏操作。寿司食材供应公司从世界各地采购和加工食材，不仅包括海鲜，还有肉类和蔬菜。在这种店中完全找不到传统的站立寿司店的影子。但是客人依旧可以尽情享用寿司，而且味道品质也在不断提高。

金枪鱼总论

可食用的金枪鱼有七种，金枪鱼的世界很深奥。

从分类学上讲，金枪鱼是鲭鱼科下金枪鱼属的鱼类。它们分布在全球的温带和热带地区，在广阔的海域环游觅食。

可食用的金枪鱼基本上有七种。作为最高级寿司食材的是被称为“太平洋黑金枪鱼”的蓝鳍金枪鱼和大西洋蓝鳍金枪鱼。价格居次的是位于南半球的南方蓝鳍金枪鱼，而价格最亲民的是大目金枪鱼。随着回转寿司的出现，长鳍金枪鱼开始流行。还有一

由于金枪鱼体形巨大，因此将其分为四个部位，去掉头部后，对其余部位三等分：靠近头部的部位（上），中间部位（中），和接近尾巴的部位（下）。

上

包裹内脏的部位很多，所以中腹和大腹的占比很高。但是也由于大量血合肉、鱼骨及筋的存在，所以可以用作寿司食材的比例不大。

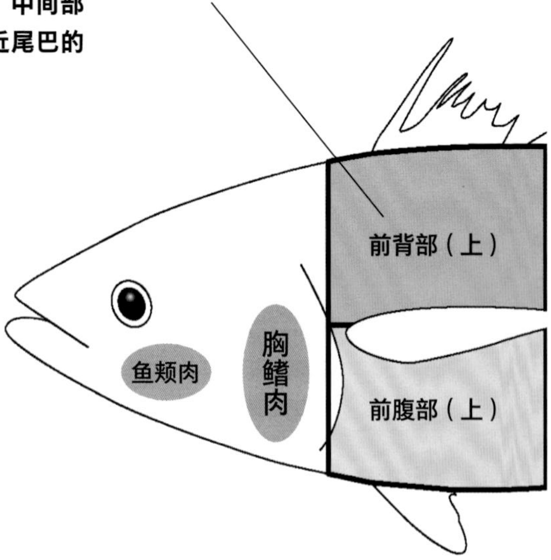

种在日本西部有很多其他别名的长尾金枪鱼。日本年初的金枪鱼拍卖中，从每条售价超过1.5亿日元的蓝鳍金枪鱼到售价仅数千日元的长尾金枪鱼都有，范围相当广。

江户握寿司的好处是可以吃到全部种类的金枪鱼，并品尝不同种类金枪鱼味道的好坏、新鲜或是冷冻的味道差异，以及同一条金枪鱼头部以及鱼脊骨周围的肉（“中落”）在口味上的区别等等。金枪鱼的世界如此深奥，通过品尝只能了解它的冰山一角。

中

包裹内脏的部分较小，只有少量或者几乎没有大腹。有很多赤身肉以及近乎完整的中腹。血合肉和筋占比较小，是做寿司食材的优质部位。

下

没有大腹，中腹也很少。大部分是赤身肉并且筋很多，是三等分部位中最便宜的。

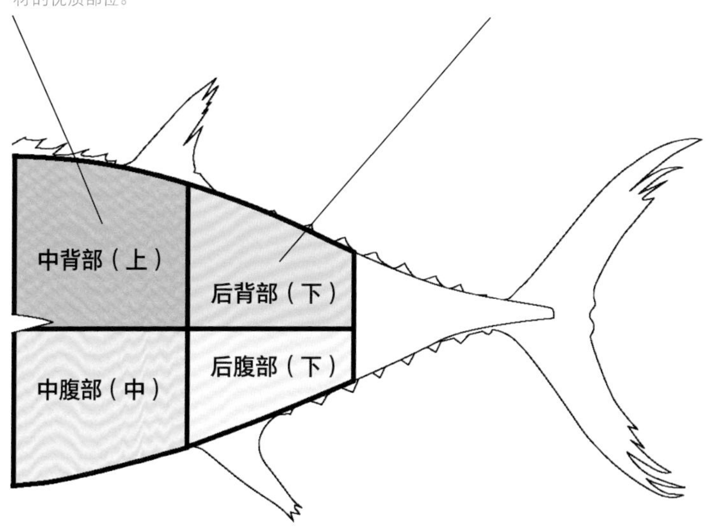

金枪鱼的美味是什么？

东京筑地市场是一个大型拍卖场，来自地中海、大西洋和南半球等世界各地最好的新鲜金枪鱼聚集在此。无论是海钓或者养殖捕捞上岸的金枪鱼，一定要保持身体同一侧朝下，绝对不能将其翻过来，因为朝上的一侧鱼肉价格高，而朝下的一侧则价格低。拍卖时，从最好的野生金枪鱼开始编号，按号码顺序依次排列。在并排摆放的金枪鱼的腹部、尾部以及鱼尾剖面，用手挤压，以判断脂肪含量，这是拍卖开始之前最紧张的时刻。

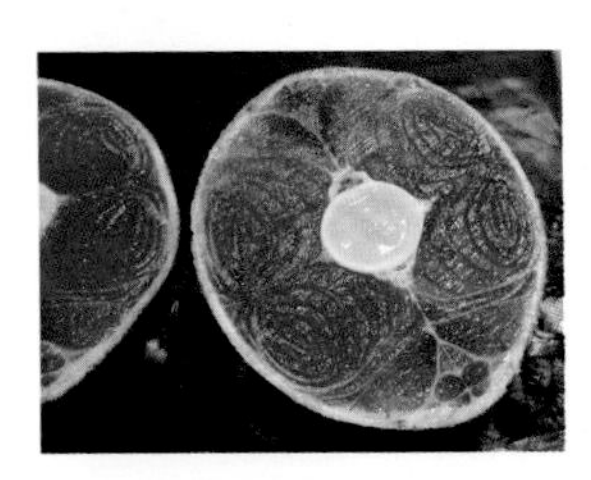

金枪鱼的脂肪含量，可以通过触摸腹部或者观察鱼尾剖面判断。

大腹
通常是包裹内脏且筋肉较多，是金枪鱼身上脂肪最丰厚的部位。

中腹
皮下脂肪含量高的部分，无论是养殖的还是当季的野生大型金枪鱼，在背部和鱼的后部都有中腹。

赤身肉
在鱼体中心分布，脂肪含量少，颜色呈赤红色。

血合肉
富含肌红蛋白等红色素蛋白质，将氧气在体内输送。血合肉不用作寿司食材。靠近鱼皮的部位被叫作“血合岸”。

金枪鱼的剖面

赤身肉或者中腹
脂肪储存的部位，这部分也叫中腹。

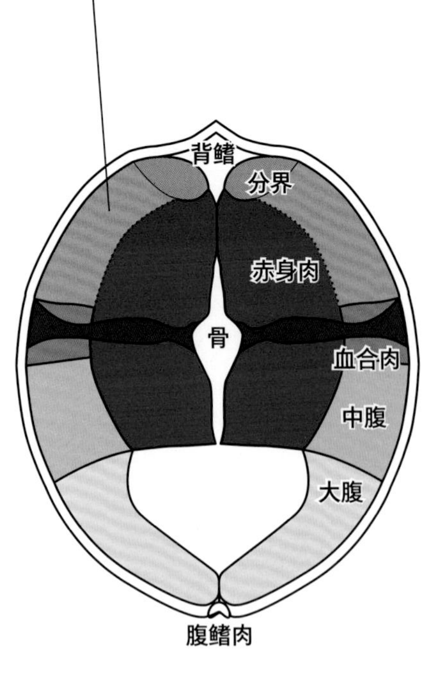

在筑地海鲜市场，被拍卖出的金枪鱼很快被切分。切分金枪鱼需要技巧，有十多年经验才能独当一面。

冷冻的金枪鱼需要像锯木头一样用专用的电锯切分。

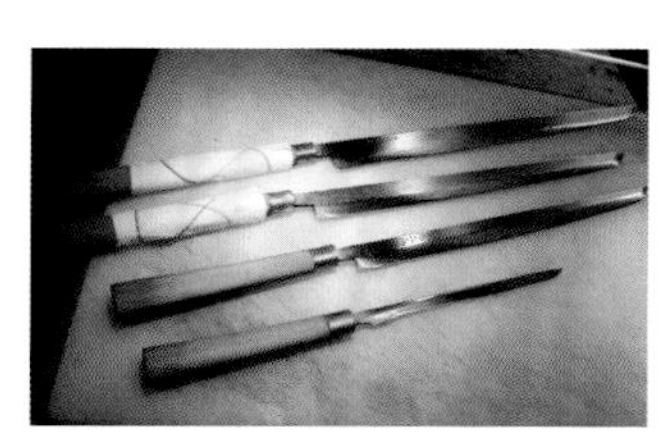

金枪鱼专用刀排成一排，形如日本刀。

金枪鱼的词源为“纯黑”。有一种说法是，它身体的颜色是黑色的，还有种说法是，血合肉长时间接触空气就会变黑。

各式各样的金枪鱼寿司

用金枪鱼脊骨周围的肉做成的握寿司，柔软且酸度适中，其特征是和寿司饭融合并留有余味。

金枪鱼的各部分口味不同，做成的寿司也不同

拆解金枪鱼时，首先将身体分为上、中、下三部分，然后分割成更小的块。最后切成用作寿司食材的大小，这是握寿司的通常做法。头部、鱼鳍和尾巴不会被丢弃，因为这些部位比主体部位更美味。

在过去，这些部位并没有被正式出售。大型鱼类买卖的批发商有特权可以获得并出售这些部位，或者作为送给购买金枪鱼主体部位的寿司店的赠品。这些“鱼头肉”“鱼颊肉”“胸鳍肉”“鱼脊骨肉”“葱花金枪鱼肉泥”等，因为稀少，最终变成珍贵的美味食材。

市场上出售的用葱花金枪鱼肉泥做成的军舰寿司。原本的葱花金枪鱼肉泥是只用鱼脊骨肉自制的，但市场上出售的是将几种类型的金枪鱼的各个部分掺和在一起并添加食用油制成的。味道因生产商而异。虽然与传统做法有些差异，但是味道也还算不错。

所有金枪鱼的所有部位都可以制作成铁火卷。海苔的香味、寿司饭与金枪鱼的酸味融合在一起，美味得让人停不了口。

用大目金枪鱼赤身肉做的铁火海鲜饭。如果是使用了金枪鱼中腹做成的，就叫“中腹铁火”。与其说是轻松的小菜，更像是正餐的寿司，让人吃完心满意足。

除了握寿司，还有很多精彩的金枪鱼寿司

除了握寿司以外，还有用赤身肉做成的金枪鱼盖饭和铁火卷。用葱花金枪鱼肉泥做成的军舰寿司，以及在美国风行后来到日本的加州寿司卷。

用大西洋金枪鱼的鱼头肉做成的握寿司。整体柔软的肉质中含有不影响口感的筋。它具有与腹肉不同的甜味，并且脂肪一目了然。

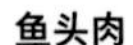

鱼头肉

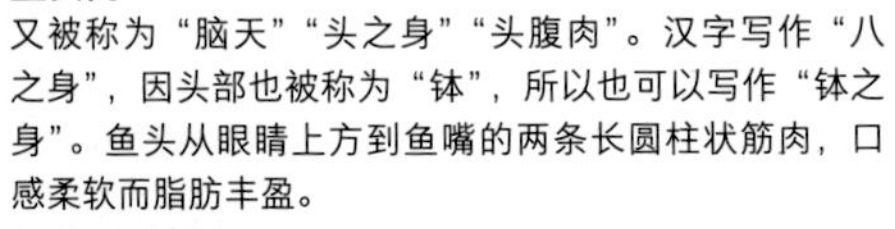

又被称为“脑天”“头之身”“头腹肉”。汉字写作“八之身”，因头部也被称为“钵”，所以也可以写作“钵之身”。鱼头从眼睛上方到鱼嘴的两条长圆柱状筋肉，口感柔软而脂肪丰盈。

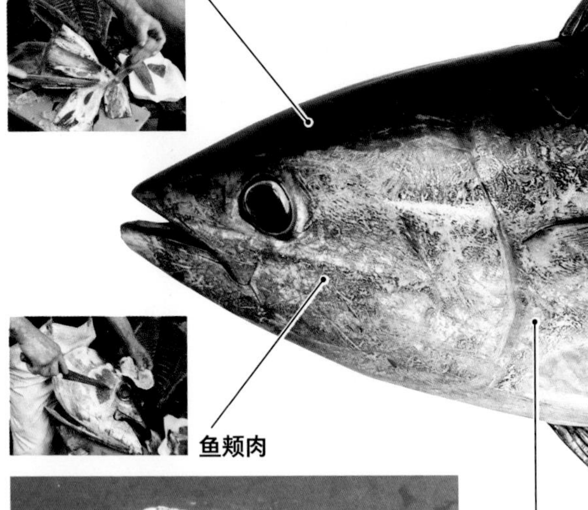

鱼颊肉

用大目金枪鱼的鱼颊肉做成的握寿司。尽管有韧性的筋，但鲜味浓郁，油脂适中。

鱼脊骨肉（“中落”）

鱼身位于左右中央的是鱼脊骨，“中落”便是金枪鱼脊骨周围的肉。

传统上用贝壳刮取下碎肉，古时候刮取脊骨、尾巴和背鳍附近的肉被称为“NEKU”或者“NEGITORU”，这也就是“葱花金枪鱼肉泥”这个词的来源。

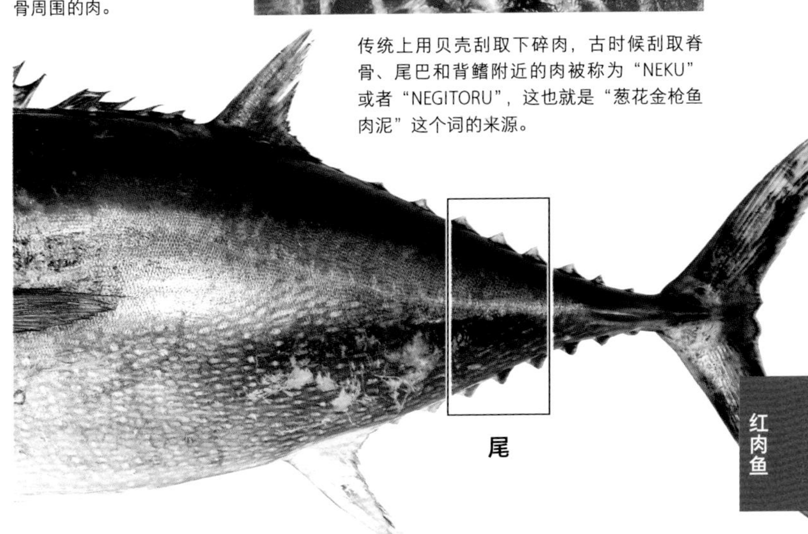

红肉鱼

胸鳍肉

这块肉位于金枪鱼鳃后、腹前的部位，相当于人类的肩部，富含油脂。脂肪丰盈甘美，让人会不由自主联想到大腹肉，堪称绝品。

蓝鳍金枪鱼

顶级寿司食材。

大腹
重量级的美味。野生蓝鳍金枪鱼的大腹。肉质紧实但入口即化。脂肪强烈的甘甜柔美，与肉质的适度酸味交融，产生难忘的浓郁口感。

用养殖蓝鳍金枪鱼的大腹肉做成的握寿司。由于混入脂肪，看起来有些白色浑浊，在室温下就会开始融化。一旦入口，脂肪的甜味弥漫开来。它味道醇厚，几乎没有酸味。

资料

分布于太平洋和大西洋的北半球海域为主的温带海域。【鲈形目鲭科】

季节：秋季至冬季。

名称：在 2007 年，分布在太平洋的叫作“蓝鳍金枪鱼”，而分布在大西洋的，则是另一种类的“大西洋蓝鳍金枪鱼”。但是在鱼类交易市场，统一被叫作“蓝鳍金枪鱼”。

食用：直到日本昭和时代，金枪鱼的中腹和大腹的价格才高涨。在那之前，它们是搭配葱和酱油做成火锅吃的家常料理。

洄游于北半球，是体形最大且游泳速度最快的金枪鱼

被称作“蓝鳍金枪鱼”的寿司食材有两种：蓝鳍金枪鱼和大西洋蓝鳍金枪鱼。由于外观和味道几乎相同，因此通常不会单独区分。蓝鳍金枪鱼由于长距离在海域中洄游，因此具有独特的新陈代谢系统，并且由于体内有一种称为“肌红蛋白”的红色蛋白质，其肉质成红色。

蓝鳍金枪鱼在金枪鱼类中，洄游路线会抵达日本的最北方。在夏季，会来到温暖水域产卵，之后成鱼和幼鱼向北而上，以寻求食物。

中腹
脂肪和鲜味平衡最好的部分。没有筋，因此可以捏出华丽的寿司。脂肪在口中融化的同时能感受到微微的酸味，这就是品尝金枪鱼本来鲜味的乐趣。

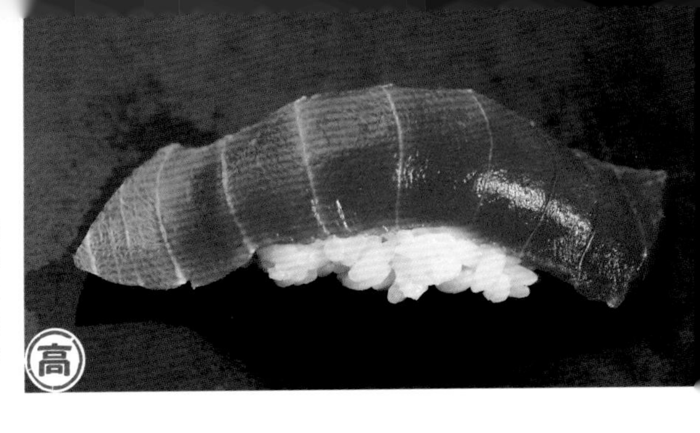

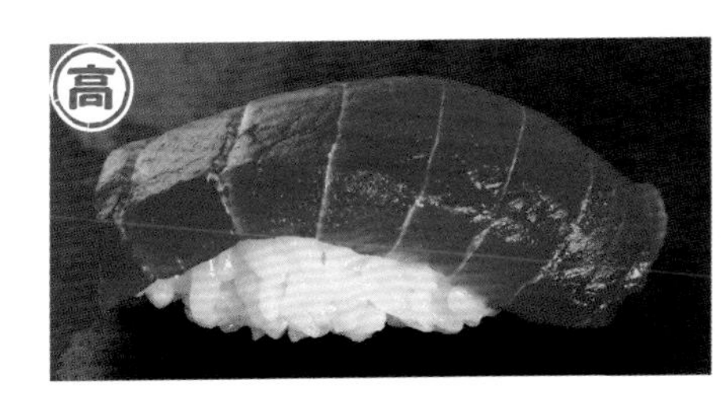

赤身肉酱油渍
在江户时代后期，金枪鱼最受人们欢迎的部位是赤身肉。用赤身肉握成的寿司，刷上酱油，是其最原本的做法。余味在口中萦绕，百吃不厌。

炙烤腹肉
虽说是寒冷季节的时令料理，但却是终年都可以吃到的美味，尤其是夏天成鱼味道下降后的主角。它的脂肪含量低，但依然可以品尝出金枪鱼的酸度，鱼皮在炙烤之后，风味独特。

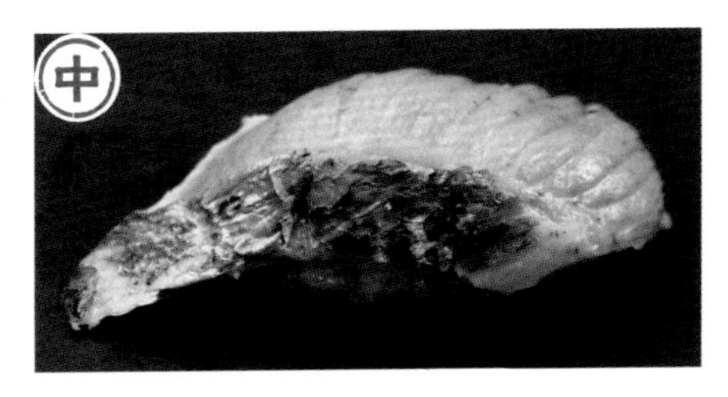

大型蓝鳍金枪鱼的数量逐年减少，如果按照鱼类交易市场的年初拍卖价，一条蓝鳍金枪鱼的价格几乎可以买一套房子

野生蓝鳍金枪鱼在日本的产地是北海道、青森、新潟、宫城、和歌山和岛根等地，在大西洋的产地则是加拿大、美国、墨西哥、地中海等。

其中，以在日本北海道和青森县大间町捕获的蓝鳍金枪鱼等级最高。2013年初首次拍卖中，大间产的一条蓝鳍金枪鱼成交价高达1.54亿日元。

南部蓝鳍金枪鱼

南半球夏天产的这种金枪鱼比蓝鳍金枪鱼贵。

大腹
酸度比蓝鳍金枪鱼略强。在室温下融化的脂肪浓郁甘甜，并且味道鲜明。照片是用养殖的金枪鱼做成的握寿司。

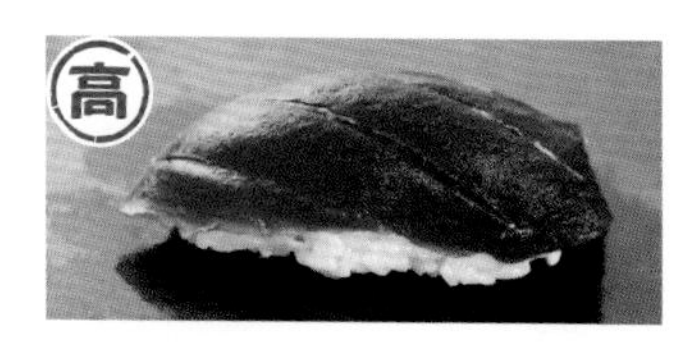

赤身
非常浓厚的味道，酸度和甜度完美平衡。鲜味浓郁，回味悠长。

图片提供：日本独立行政法人水产综合研究局

资料

分布于太平洋、印度洋和大西洋的南半球海域。【鲈形目鲭科】

季节：春季至夏季。

名称：因在印度洋上被大量捕捞而被称为"印度金枪鱼"。

食用：拥有在鱼类中较少见"熟成期"，相比于捕获后直接食用，放置一段时间熟成后，味道更佳。金枪鱼行家能够一眼就分辨出熟成的程度。

相对于北半球的蓝鳍金枪鱼，南部蓝鳍金枪鱼栖息在南半球

由于它在南半球的中纬度地区洄游，因此夏季脂肪含量最高，体形大小仅次于蓝鳍金枪鱼和大西洋蓝鳍金枪鱼。

第二次世界大战后，渔场不断开拓，在一根吊绳上拴许多绳钩的"延绳钓技术"，被用来大肆捕捞鱼类。从事捕捞的国家包括日本、澳大利亚、新西兰、南非、韩国和菲律宾等。目前野生南部蓝鳍金枪鱼由于过度捕捞而数量急剧下降，因此实行了严格的捕捞限制，靠人工养殖弥补了金枪鱼需求的空缺。目前，仅该品种和蓝鳍金枪鱼会被人工养殖。

大目金枪鱼

狭义上的金枪鱼。

中腹
大目金枪鱼的肉质基本都是中等脂肪的中腹，酸度温和而肉质甜美，味道完美平衡。

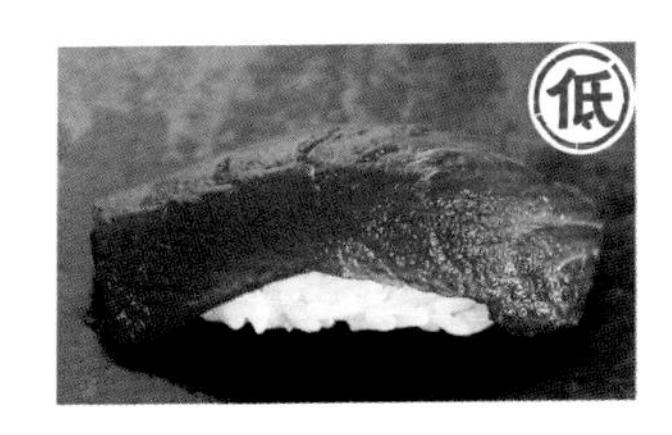

赤身肉酱油渍
这是用酱油浸渍过的赤身肉。鱼肉自身浓郁的鲜味和酱油相辅相成，非常美味。很适合搭配寿司饭。

资料

大目金枪鱼与金枪鱼和南部蓝鳍金枪鱼相比，分布于世界各地的热带及温带等更温暖的海域。【鲈形目鲭科】
季节：秋季至冬季。
名称：在鱼类交易市场主要被叫作“BACHI”或“BACHIMAGURO”。
食用：不仅会用作寿司食材，通常的“金枪鱼生鱼片”就是用这种鱼做成的。

通常提到金枪鱼都是指这种鱼

大目金枪鱼穿过赤道，在北半球和南半球的热带和温带的温暖海域中洄游。其中一些重量超过 200 千克，但大多数体长约 1 米，重量在 100 千克以内。它们的身体短粗，眼睛比蓝鳍金枪鱼大，鱼鳍更长。通过延绳钓或围网捕捞，渔获量很大，大部分都是冷冻后流通，新鲜的大目金枪鱼十分珍贵。特别是秋天捕获的日本三陆产的大目金枪鱼，售价高昂。大目金枪鱼不仅有大量的赤身肉，还有中腹。

长鳍金枪鱼

物美价廉的大众金枪鱼，成为新的寿司食材。

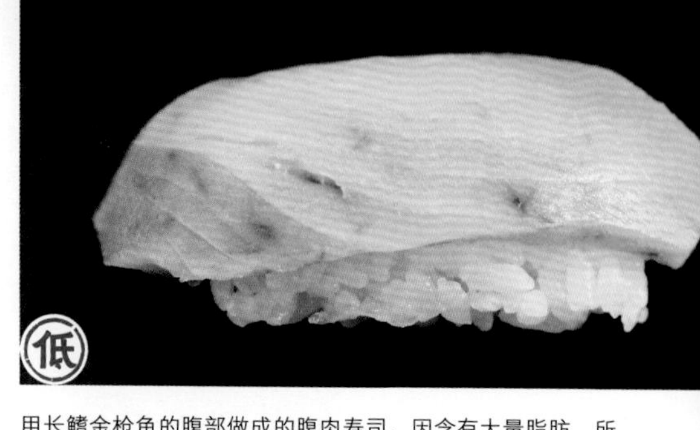

用长鳍金枪鱼的腹部做成的腹肉寿司。因含有大量脂肪，所以肉身看起来发白。一旦入口，腹肉内的脂肪就在舌尖融化出甘甜的美味。

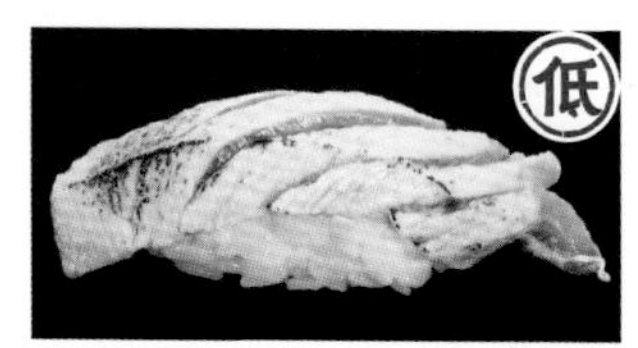

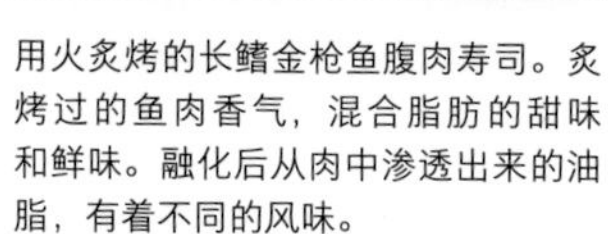

用火炙烤的长鳍金枪鱼腹肉寿司。炙烤过的鱼肉香气，混合脂肪的甜味和鲜味。融化后从肉中渗透出来的油脂，有着不同的风味。

资料

分布在世界各地的亚热带和温带地区。【鲈形目鲭科】

季节：全年。

名称：无论是在日本鱼类交易市场还是寿司界都被叫作“鬓长”，脂肪丰富的部位叫“鬓腹肉”。

食用：最初是生产金枪鱼罐头的材料。冲绳岛的金枪鱼罐头消费量是日本最高的。和素面一起制作的“金枪鱼炒素面”是冲绳一道名菜。

超级畅销的鱼类，最近才成为普遍寿司食材

最初，富含丰富油脂的长鳍金枪鱼仅在产地被当地人熟知，也被用做寿司食材。但是这种金枪鱼真正在日本普及，是在回转寿司店数量急剧增加的 20 世纪 70 年代。在油脂丰富的季节，捕捞到的这种鱼，其腹肉是回转寿司店的最受欢迎的明星商品。因为油脂的关系，肉质呈浑浊的白色，油脂浓郁甘甜，几乎觉察不出酸度。长鳍金枪鱼一直是金枪鱼罐头的原料。

黄鳍金枪鱼

夏季的时令鱼，在西日本很受欢迎。

黄鳍金枪鱼的肉质与其说是红色，不如说是粉色更为恰当。比起蓝鳍金枪鱼，它酸度略低，味道清淡，这样的美味真是百吃不厌。

资料

分布在世界热带和温带地区。【鲈形目鲭科】
季节：西日本的春季至夏季。
名称：在大阪被称为“HAZU”，味道最好的则被称为“本 HAZU”。
食用：用作罐头的鱼类之一。

这种鱼在大阪被加上“本”字，是狭义上的金枪鱼

主要在西日本地区，如高知以及和歌山等地被捕获，在日本关东地区并不太受欢迎，因为它的肉质没有大目金枪鱼那么红。温暖的季节是食用这种鱼的最佳时节。生鲜黄鳍金枪鱼以日本关西地区为中心进行销售，在西日本作为寿司食材也很受欢迎。酸度和脂肪适度，具有清爽而高雅的味道。

长尾金枪鱼

体形最小的金枪鱼，捕获量也很少。

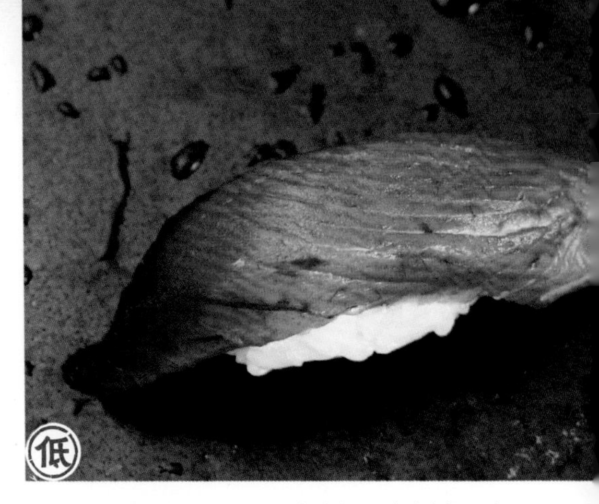

清淡之中有着适度的甜味和温和的酸味，是令人意想不到、想一吃再吃的美味。

红肉鱼

资料

分布在西太平洋，印度洋和红海。【鲈形目鲭科】

季节： 秋季。

名称： 在鱼类交易市场叫作“BAKE 金枪鱼”。

食用： 在所有的金枪鱼中，是最具有地方代表性的金枪鱼。在日本的九州和山阴地区，秋天是食用的最好时令。

代表日本九州北部和山阴秋天的味道

在九州北部和山阴地区，这是秋天特有的一道景致。在没有鲣鱼的这些地方，捕获到这种红肉鱼如获至宝。由于这种鱼肉的大部分都是不含油脂的赤身肉，所以作为金枪鱼来说甜味和酸味都很清淡，但是也有很多人会被这种高雅清爽的口味所吸引。

鲣鱼

江户人喜爱的鱼，成为新的寿司食材。

初鲣（每年春末夏初最早上市的鲣鱼）的鱼皮用火炙烤以后做成的握寿司，然后在表面刷上一层清酒酱油汁。由于脂肪含量少，所以甜度较弱，但是皮下的肉质具有鲜味。搭配清酒酱油汁的甜度和寿司饭的酸度，鲣鱼握寿司爽口美味。

用洄游鲣鱼的生鲜鱼肉直接做成的握寿司。鲣鱼表面有油脂层，具有淡淡的甜味和爽口的酸味。吃过的客人都会心满意足。

资料

分布于热带和温带地区，日本海几乎没有。【鲈形目鲭科】

季节： 春季和秋季，油脂最丰富的季节是秋季。

名称： 在日语中也被称为“本鲣”，写作“坚硬的鱼”，是因为古代这种鱼都被做成坚硬的干燥鲣鱼（鲣节）或者鱼干。

食用： 鲣节在太平洋的热带地区被广泛生产。它是日本食物的原点，也是热带太平洋的味道。

为什么鲣鱼成为一种新的寿司食材呢？

在寿司的世界中，这种鱼被称为“忙碌的寿司食材”。这是因为它们比金枪鱼容易变质，所以鱼商希望进货当天就全部卖完。因此，这种江户人喜爱的鱼成为寿司食材的时间相对较晚。初鲣的鱼肉连着鱼皮，用火炙烤鱼皮之后过冰水，做成握寿司。洄游的鲣鱼以生鲜或腌渍的方式直接做成握寿司。最近由于冷链运输的便捷，鱼的体形大小和季节性都发生了变化。

齿鲣

在日本西部比鲣鱼更受喜爱。

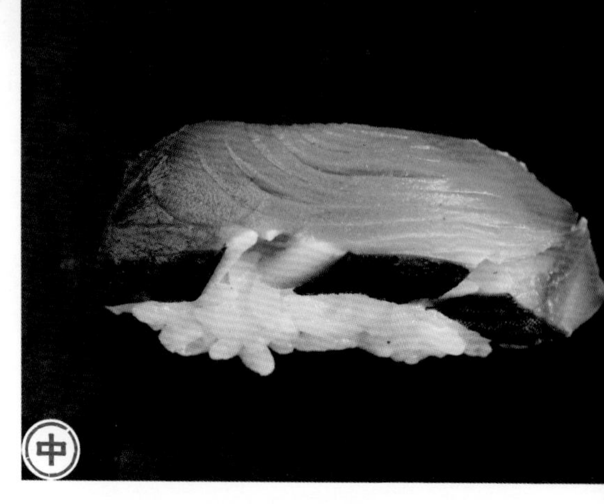

肉质没有那么鲜红，但是鱼皮和鱼肉都有鲜味。炙烤后做成握寿司，鱼皮的香味伴随皮下鱼肉的甘甜，让你赞不绝口。

红肉鱼

资料

分布于日本南部、印度洋和太平洋。【鲈形目鲭科】
季节：秋季至冬季。
名称：关东地区称作"TOSAN"。
食用：因牙齿锋利而得名。

味道非常好，但是鲜度下降很快

体长小于1米。这种鱼西日本地区比较多，在九州地区，齿鲣比鲣鱼更受欢迎。虽然肉质红色偏淡，略有遗憾，但仍然是一流的寿司食材。鱼肉浓郁的鲜味、脂肪的甜味，与寿司饭形成绝妙的搭配。齿鲣有让人容易接受的口感，如果只作为地方性食材，实在是太可惜了。

平宗太鲣

**日本海中的“鲣鱼”
指的就是这种鱼。**

它的酸味并不比鲣鱼少，皮下脂肪层的鲜味和甜味非常浓郁，与寿司饭搭配美味异常。

红肉鱼

资料

分布在世界上的热带和温带地区。【鲈形目鲭科】
季节：秋季至冬季。
名称：在日本宫城县被称作“福来”。
食用：日本北陆地区用来制作鲣节。

秋季油脂丰富的鲣鱼比金枪鱼还好吃

如果是在最佳时令品尝到这种鱼，你会惊叹于它的美味。鱼皮下堆积的脂肪非常甘甜，而赤身肉的味道隐含在下面，美味无法抗拒。味道浓郁并回味无穷。鱼肉软硬适中，非常适合搭配寿司饭。秋天大型的平宗太鲣，味道绝对胜过金枪鱼。

巴鲣

捕捞量不大。

作为鲣鱼或者金枪鱼的同类，这种鱼也是为数不多的美味之一。其鲜味浓郁、酸度适中、余味无穷，因此在其产地做成的寿司备受喜爱。价格也在逐渐上涨。

红肉鱼

资料

分布在日本南部。【鲈形目鲭科】
季节：日本产的是从秋季到冬季。
名称：因在胸鳍下有黑点被称作“YAITO”。
食用：在冲绳做成加醋味噌调味的生鱼片。

捕捞量不大的红肉鱼。

据说在冲绳被认为是最好的鲣鱼，所以被称为“真鲣鱼”。绮丽的红肉、清爽的口感，是酷热地区的首选。从冲绳、九州到和歌山，作为寿司食材也很受欢迎，是比旗鱼还受欢迎的红肉鱼。

眼旗鱼

这种鱼也有大腹和中腹。

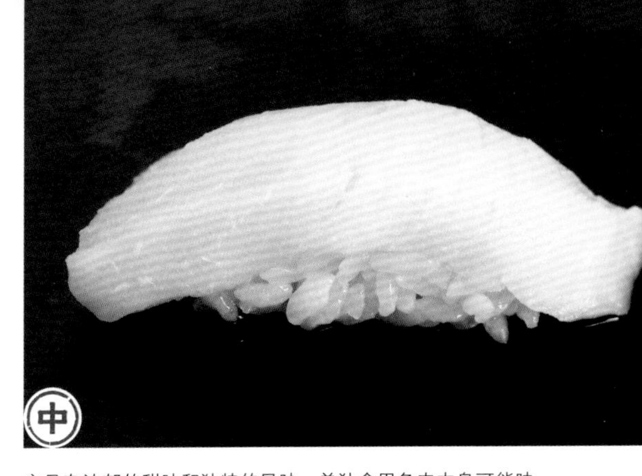

它具有浓郁的甜味和独特的风味。单独食用鱼肉本身可能味道很重，但是与寿司饭搭配时就能完美地融合。

图片提供：日本独立行政法人水产综合研究局

红肉鱼

资料

广泛分布于世界各地的温带和热带地区。【鲈形目剑鱼科】

季节：日本产的鱼是夏季至秋季。

名称："HIO""SHUTOME"（婆婆）。

食用：国际性的鱼，在全世界都被广泛食用。

肉色越白，在口中融化越快，鲜味就浓郁越甘甜

这种巨型鱼可以在世界各地的海洋中捕捞到，最长可达 3 米。自古以来就是广受欢迎的家庭食用鱼。在日本三陆等地区，它与金枪鱼一起做成红白生鱼片。像金枪鱼一样，它也拥有中腹和大腹，并且因为富含脂肪但不油腻，而变得越来越受欢迎。

旗鱼

古时候，金枪鱼是下等鱼，旗鱼才是上等鱼。

乍一看有点像金枪鱼的赤身肉，但是如果仔细观察，脂肪的混合方式和颜色其实不同。与金枪鱼相比，旗鱼的味道清淡，但极其鲜美。

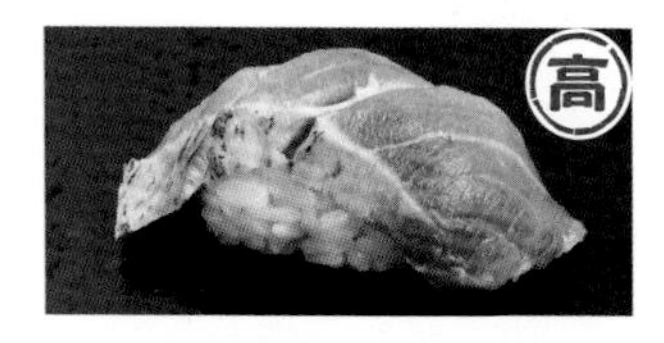

包裹内脏的腹部薄皮，被火炙烤过做成的寿司。含有适度的脂肪，以及炙烤过的香味，与寿司饭完美搭配。

图片提供：日本独立行政法人水产综合研究局

资料

分布在印度洋和太平洋的热带到温带地区。有时候也以鲣鱼为食的食肉鱼。【鲈形目剑鱼科】

季节： 秋季至冬季。

名称： 在北陆地区被叫作“SAWARA”。

食用： 筑地海鲜市场的金枪鱼拍卖区每天都是人们关注的焦点，而同时大型鱼的旗鱼拍卖区就略显安静而孤独，但是以前旗鱼确实更受欢迎。

它看起来像典型的金枪鱼的赤身肉，但味道更高贵美味

在江户时代，金枪鱼是普通百姓食用的低等鱼类，旗鱼才是达官贵人餐桌上的食材。即使到现在，仍然有许多高级餐厅会说“旗鱼肉比金枪鱼肉更美味”。

旗鱼的赤身肉味道清淡、余味雅致。但是与寿司饭搭配还是有些略显清淡，因此在喜欢油脂丰富鱼肉的现代社会，人气略有下降。但是，当吃到日本产的上好的旗鱼时，您会惊讶于它的美味。与金枪鱼的鲜味相比，还是有些不一样。

关于鲑鱼

肉质的颜色是“鲑鱼粉色”，
这些养殖鲑鱼可能会征服全世界的味蕾。

日本国内食用的鲑鱼【鲑形目鲑科】主要有六种，从太平洋一侧捕捞的，日语标准名叫“鲑”的鲑鱼，还有在日本国内几乎捕捞不到的红鲑鱼，资源最丰富也是用作鲑鱼罐头的粉红鲑，几乎全部人工养殖的银鲑鱼和虹鳟，以及大西洋捕捞的大西洋鲑。此外还有帝王鲑和樱鳟，但是与这六种主要的鲑鱼相比，数量很少。

鲑鱼类中有些含有虾青素，由于其抗氧化作用而引人注目，而另外一些则没有。由于虾青素这种红色素的存在，鲑鱼肉会呈现“鲑鱼粉色”。因此不难理解，为什么日本国内把鲑鱼等同于含有大量虾青素的红肉鲑鱼。

世界范围内人工养殖的鲑鱼主要有三种：银鲑、虹鳟鱼（商业流通中被叫作鲑鳟）和大西洋鲑。

虹鳟和银鲑也可以在日本国内捕捞到，但是大多数都是从智利和挪威进口的，而大西洋鲑则是从挪威、美国和澳大利亚进口。

专栏❷

养殖名： 信浓雪鳟
物种名称： 雪鳟属
产地： 东欧，俄罗斯
水产养殖地区： 日本长野县

作为寿司食材，大部分是虹鳟和大西洋鲑，而银鲑不多。其中虹鳟在世界范围内产量增加，这种又被叫作鲑鳟的鱼，是由人工培育并在海水中养殖的，有取代金枪鱼成为寿司食材之王的趋势，且越来越受欢迎。

雪鳟，看着这些握寿司，也无法将其视为鲑鱼类。一些寿司厨师会说："这是油脂饱满的鲷鱼呀"。它具有足够的鲜味和甜味，非常适合用作寿司食材。

鲑鱼类不是只有赤身肉的鱼

世界上还有不是红肉的鲑鱼，它们都可以用作寿司食材。比如在欧亚大陆上分布的肉色不是红色的雪鳟（右上图），还有日本国内淡水鲑中的岩鱼。日本国内的雪鳟有长野县的信浓雪鳟和福岛县的会津雪鳟，它们在日本国内养殖及食用。淡水鲑（在河川产卵的陆封型的鲑鱼）还包括姬鳟、山女鳟、红点鲑和岩鱼（下图），它们大部分都是人工养殖，是地方性的寿司食材。

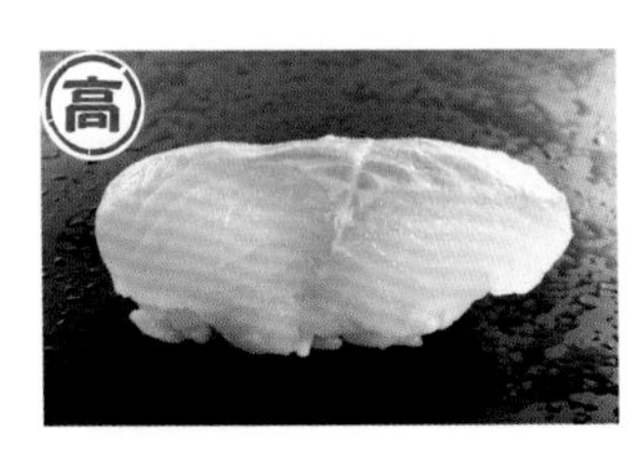

岩鱼。用活缔法处理过的鱼肉做成的握寿司。从外观上看是白肉，但它具有鲑鱼的味道。因为是人工养殖的，所以油脂丰富、肉质甘甜，非常适合做成寿司。

标准日本名： 岩鱼

栖息地： 除四国地区以外，从日本九州到北海道的河川上游

养殖地： 日本各地

红鲑

最美味的鲑鱼。

用固定渔网在北海道捕捞的非常珍贵的红鲑做成的握寿司。只有真正的内行才知道这种北海道超豪华的寿司食材。它是所有鲑鱼中最美味的。

资料

在伊图鲁普岛或加利福尼亚北部的河川逆流而上。很少在日本捕捞到。

【鲑形目鲑科】

季节： 春季至夏季，但鲜鱼数量稀少。

名称： 也叫“红鳟”。

食用： 基本从美国阿拉斯加、俄罗斯等进口。它被加工成盐腌鲑鱼，它是所有鲑鱼中最昂贵的。

鲑鱼类中最美味的寿司食材

红鲑没有沿着日本的河川逆流而上，但却出乎意料地能够在北海道和三陆地区用固定渔网捕获到。无论烤制还是生吃，它都有绝佳的口感。作为寿司食材的红鲑，大部分都是烟熏过的，日本国内的红鲑如果要生吃，都需要冷冻一次。日本产的红鲑被懂行的人称作“梦幻之鱼”。在鲑鱼中，红鲑的颜色是最美丽的，鲜味和甜味都很浓郁，余味也强烈。和寿司饭搭配，称得上最高级别的握寿司。

大西洋鲑

欧洲的鲑鱼。

鱼肉表面入口即化，散发出淡淡的鲑鱼味，享用后心情愉悦。

资料

分布于大西洋和北冰洋。【鲑形目鲑科】

季节： 人工养殖，所以一年四季都有。

名称： 就是通常所说的“三文鱼”。

食用： 目前大部分的鲑鱼都是人工养殖，大西洋鲑的人工养殖最早始于挪威，它改写了世界鱼类食品地图。

常说的三文鱼主要就是指这种鲑鱼，生长在大西洋沿岸

说起鲑鱼，大西洋鲑和太平洋鲑是不同的类别。鲑鱼这个词主要指大西洋的鲑鱼类，而大西洋鲑就是它们的典型代表。大西洋鲑与银鲑已经人工养殖了很长时间。进口的食用鲑鱼都是人工养殖的，产地除了挪威和澳大利亚之外在不断增加。它和银鲑、虹鳟是日本主要进口的三大养殖鲑鱼。

虹鳟鱼

人工培育出来的养殖鱼类。

最普遍的生鱼片握寿司。它适度的柔软和脂肪特有的甜度，与寿司饭搭配浑然一体，是标准寿司之一。

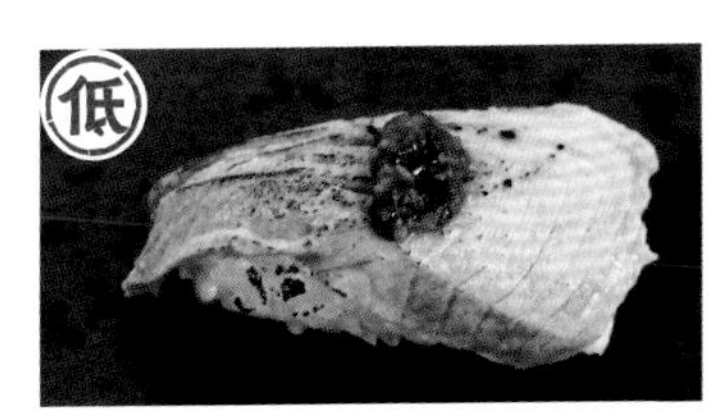

轻微炙烤过的鲑鱼，配上罗勒味意大利青酱，居然非常般配。

资料

虹鳟在自然界中并不存在。【鲑形目鲑科】

季节：人工养殖，一年四季都有。

名称：通常也被称为“三文鱼”。

食用：在超市出售的大多数鱼块和生鱼片都是这种鱼。

人工培育出的，在海里养殖的鱼类

一般来说，在海洋中栖息的鲑鱼类叫作“三文鱼”，而在淡水中度过余生的鲑鱼类被称为“鳟鱼”。而这种鱼是由三文鱼类的虹鳟和鲑鱼类的虹鳟交配而出的。到 20 世纪 90 年代后期，养殖鲑鱼的数量超过天然鲑鱼，虹鳟的人工养殖功不可没。它的产地主要在挪威、智利，日本本土也有。基本上日本冷冻进口的虹鳟鱼都是鱼块以及除去头和内脏的整鱼。

银鲑

最早人工养殖的鲑鱼。

用日本宫城县女川产的银鲑生鱼片做成的握寿司。首先会被其颜色之美而打动，吃过就会赞叹其味道之美。

资料

分布在北太平洋。在日本海域没有野生银鲑。【鲑形目鲑科】

季节：春季至夏季。

名称：也被简单称为“银”。

食用：日本进口的是智利人工养殖的银鲑，在智利养殖已经有了很长的历史。有段时期，便利店售卖的饭团中的大部分鲑鱼都属于该物种。但是，日本宫城县养殖的银鲑味道更好。

日本海域内没有野生银鲑，人工养殖鲑鱼中的翘楚

和日本国内栖息的其他鲑鱼相比，银鲑更偏好冰冷的海域，或者在北部的河川中逆流而上。过去，在鄂霍次克海和白令海峡捕捞的野生银鲑在日本市场上有销售，但是近年来，野生银鲑却很少见。日本是世界上最早在海面进行鲑鱼养殖的国家，主要鱼种就是银鲑。在日本宫城县养殖成功后，这种技术被介绍给智利。如今，从智利进口的产品比日本产品更为主流。

樱鳟

鲑鱼类中的高级鱼。

使用急冻保存的鱼片做成的握寿司。它具有浓郁的鲜味和适度的甜味。

资料

神奈川县、山口县北部和北海道的河川逆流而上。【鲑形目鲑科】

季节： 春季至初夏。

名称： 一般称为“鳟鱼”或“本鳟”。

食用： 由于在樱花开放的季节捕获，所以被称为樱鳟。在日本山形县等地是喜庆日食用的鱼类。此外，日本富山县特产“鳟鱼寿司”中的鳟鱼就是该物种。

在日本北陆和东北部地区，樱鳟的出现代表着春季的到来

江户时代之前，提到鳟鱼，只有樱鳟这一种。即使到现在，它在日本也经常被称为“本鳟”，而不是标准的日语名称“樱鳟”。其中，有和其他鲑鱼类的鱼一样，在日本海、日本东北部和北海道的河川中出生，余生生活在淡水中的陆封鱼，但也有生活在海洋中的樱鳟。该鱼种之所以得名，是因为它在樱花季节达到捕捞高峰，并且在饮食文化中扮演重要角色，例如在女儿节被食用。

鲑鱼子

比鲑鱼本身更有价值。

酱油渍鲑鱼子
仅次于盐渍鲑鱼子。因为水分较多而不适合外卖，但与鲜味的酱油一起食用则非常美味。

盐渍鲑鱼子
将附着在卵巢中的鲑鱼子（称为“筋子”）剥落后用盐腌渍。可以简单地感受到鲑鱼子在口中爆浆的鲜甜味道。

资料

洄游于九州以北的日本海或者利根川以北汇入太平洋的河川中。
季节：生鲜鲑鱼子的时令是春季至初夏。
名称：还附着在卵巢上没有脱落的鲑鱼子被叫作“筋子”。
食用：在过去是地方区域性的食材，用来炖煮，而不像现在一样用来做酱油渍或者盐渍。

随着军舰寿司的出现而成为新的寿司食材

过去，鲑鱼子仅在制作新卷鲑时作为副产品在北海道等产区被食用。在日本明治时代，日本渔民在阿穆尔河河口附近定居，捕获的鲑鱼被运往日本国内，但那时鲑鱼子还不能被运送，于是当地人向会制作鱼子酱的俄罗斯人学习如何加工鲑鱼子。鲑鱼子的日文发音就是俄语“鱼卵”音译而来，这段历史有迹可循。

鲱鱼子、带鲱鱼卵的海带

曾经是过年时吃的食物。

鲱鱼子
咯吱咯吱有嚼劲的口感，咀嚼的次数越多，就越美味。当混合寿司饭一起食用时，会产生难以名状的美味。

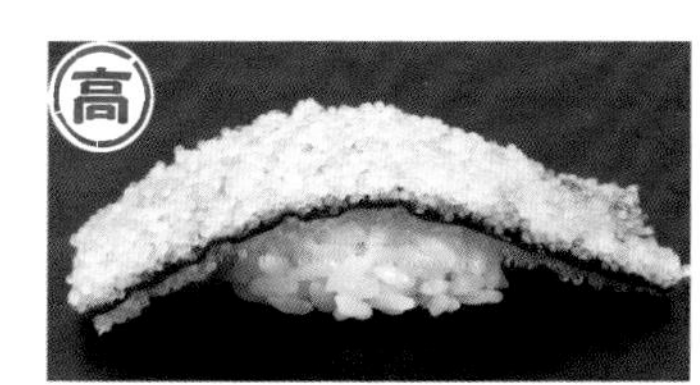

带鲱鱼卵的海带
鲱鱼子浓郁的鲜味，加上海带温和的甜味，可以享受美味带来的双倍快乐。

资料

栖息于千叶县以北的太平洋和岛根县以北的日本海。【鲱科】

名称：鲱鱼在日本东北部和北海道被称为“KADO”，所以鱼卵被叫作“KADO之子”，然后变为现在日文中的“数子”。

食用：在元旦祈求家中子孙繁荣而吃的食物，是喜庆时候吃的食物。

鱼子

有段时间被称为“黄色钻石”，是超高级别的食材

将鲱鱼的卵巢干燥或加盐制成的是“鲱鱼子”。鲱鱼在海带上产卵，形成厚厚的鱼卵层，被称作“子持昆布”。成年鲱鱼是普通的鱼类，但是鱼子自古以来就作为高级食材用在新年料理中。第二次世界大战后，无法捕获鲱鱼，高级的鲱鱼子被称为“黄色钻石”，人气飙升。现在资源正在逐渐恢复，但是日本市场上的大多数都是进口产品。

飞鱼子

现在日本市场上的大多数都是进口产品。

用微甜的飞鱼子做成的军舰寿司最近非常流行，咀嚼时可以享受到鱼卵在口中弹跳的快乐。

资料

世界各地的亚热带和温带。【飞鱼科】

名称：在西日本，它被称为“飞鱼之子（TOBIUONOKO）”，简称“TOBIKO”。

食用：最早是初夏时北上而来的一种名为“细飞鱼”（HOSOTOBIO）的鱼卵。

比军舰寿司更常用的是为散寿司增加颜色

过去，飞鱼子曾被用来给日本料理上色，但如今已经成为回转寿司中军舰寿司中的标配食材。正常的飞鱼子颜色是暗淡的米色，但大多数都会被染成红色。恰到好处的咸味与寿司饭很好地融合在一起，非常适合搭配黄瓜、土当归和蛋黄酱一起食用。

柳叶鱼子

柳叶鱼的鱼卵。

鱿鱼切成和素面一样的细丝，和柳叶鱼子搭配，做成握寿司。鱿鱼的甜度让浓郁的柳叶鱼子的味道变得柔和。

资料

分布在太平洋和大西洋的亚寒带地区。【胡瓜鱼目】

名称： 柳叶鱼其实是高级鱼，但是人们却经常把便宜的桦太柳叶鱼当作柳叶鱼。因此鱼卵被称为“柳叶鱼子”。

是在日本很少捕捞到，是来自北欧的新味道

无论是桦太柳叶鱼，还是柳叶鱼，鱼肉和鱼卵都有一种带着涩味的甘甜，这也就是吃过会上瘾的原因。它们具有其他鱼没有的复杂鲜味，非常适合搭配寿司饭。因为它的味道浓郁，与鱿鱼和黄瓜搭配食用，会有独特的风味。

鳕鱼子

比鳕鱼本身更受欢迎。

在准备军舰寿司的时候，由于鳕鱼子味道浓郁有些偏咸，因此加入了黄瓜片，味道会给人留下深刻印象。

鱼子

资料

分布在山口县以北的日本海，宫城县以北的太平洋和北海道。【鳕形目】

名称： 因为是红颜色，所以别名“红叶子”。

食用： 鳕鱼被做成鱼泥或者鱼糕，比生鲜食用更普遍。

盐渍的鳕鱼子或明太子可以做成军舰寿司或者寿司卷

可以选择用日本产的盐渍鳕鱼子，或者是用韩国产的带有辣味的明太子做成军舰寿司或者寿司卷。鳕鱼子越高级，苦味越淡，带有黏性并且微甜。鲜味浓郁丰富，适合搭配清爽的黄瓜。

真鳕鱼子

在日本某些地方比鳕鱼子更受当地人欢迎。

比鳕鱼子个头更大、口味更好，没有涩味或腥味，味道浓郁又温和，非常美味，与寿司饭搭配也很不错。

资料

分布于山阴县以北以及常盘以北的太平洋。【鳕形目】

名称：销售时有时被叫作“特大鳕鱼子”。

食用：真鳕鱼在全世界都很受欢迎，它的白子更是珍贵的食材。

地方区域内珍贵的食材

真鳕鱼子的知名度没有鳕鱼子高，在产区外不是很常见，很多人都不知道它的美味有点可惜。虽然真鳕鱼子的味道有点普通，但是做成军舰寿司后口感柔和，是和鳕鱼子不一样的美味。

小肌

江户前握寿司最有代表性的食材，通向寿司行家的入口。

新子（体长 4~10 厘米）
才刚出生的幼鱼，入口即化，并散发出甘甜，有青鱼的口感，不断变化的味道在舌尖涌动。

左侧是体长10厘米的“小肌”，右侧是体长4厘米的“新子”。

资料

分布于日本新潟县及仙台湾以南。【鲱形目鲱科】

季节： 小肌的时令是秋季，但是随着它的生长，一年四季都有。

名称： “TSUNASHI”“HATSUKO”。

食用： 除了做成握寿司外，在日本兵库县姬路市还会做成押寿司，在熊本县天草市，则将寿司饭将填进已经处理过小肌做成姿寿司。小肌是寿司鱼的典型代表。

内海湾的小鱼，有的地方吃这种鱼，有的地方不吃

它是一种通常栖息在内海湾的小鱼。有些地方食用，有些地方则不食用，呈两极分化。作为江户前握寿司的重要食材，这种情况很少见。春季新子的主要产地是日本的鹿儿岛县出水市、爱知县三河湾和静冈县滨名湖。

小肌（体长10～14厘米）
江户前寿司最喜欢用一整条鱼做成一贯寿司。鱼刺柔软，与寿司饭绝妙融合。

中墨（体长15～18厘米）
被成为中墨，大概是因为体形介于小肌和鰶鱼之间。已经发育到需要留意小鱼刺，但是味道却最有层次，是好吃得令人意外的寿司食材。

鰶鱼（体长18厘米以上）
固执的寿司厨师会对它不屑一顾，尽管有很多小鱼刺，但味道很棒，尤其是鱼皮独特的风味。

一出生就是超高级的食材，越小越名贵，是少有的“逆出世鱼”

江户前握寿司的代表。在日本，有些鱼被称为“出世鱼”，“出世”有高升、腾达之意，这些鱼在不同生长阶段会被赋予不同的名字。但这种鱼是“逆出世鱼”。由于幼鱼“新子”初上市时非常昂贵，所以初夏时节的上市价格就成为鱼类交易市场中最受关注的事情。随着鱼渐渐长大，成为“小肌”“中墨”和“鰶鱼”，价格会逐渐降低。水产市场以“小肌”体形的鱼为顶级的寿司食材，于是“小肌”就变成了这类寿司食材的代称。

自江户时代以来，小肌已在摊位和其他海鲜类一起出售。最常见的做法就是用醋浸泡。根据季节变换，鱼类油脂含量的不同，调整盐的用量以及在醋中浸泡的时间，是能够考验寿司厨师功力的食材。

一贯寿司的重量和价格

照片中的新子，每条重约 5 克，需要用五条新子做成一贯寿司。寿司食材的原材料总共约 25 克。在六月购买时，每 100 克鱼的售价是 1 万日元，那么这贯寿司的成本就是 2500 日元。准备新子时需要小心触碰，以免弄碎鱼肉，所以，即使一个熟练的寿司厨师也需要花上数小时来准备这种寿司食材。那么请问，在寿司店食用这样一贯寿司，价格应该是多少呢?

沙丁鱼

已经成为高级食材，从夏季梅雨季到秋季的寿司食材主角。

从夏天到秋天，沙丁鱼皮下就会形成一层厚实的脂肪层。一旦入口，脂肪就会融化，可以感受到甜度，然后进一步感受脂肪中透露出的青鱼的味道。

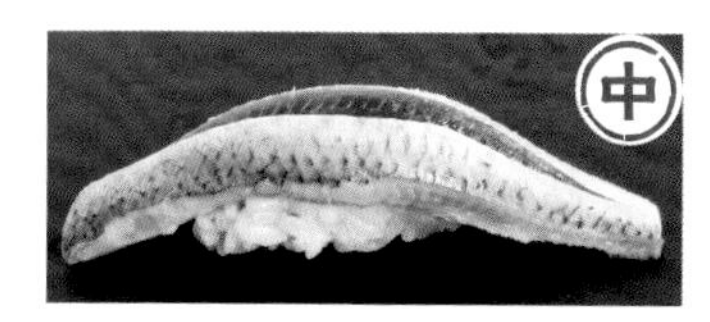

最佳时令以外的沙丁鱼没有太多脂肪，用醋腌制后做成的握寿司。这种亮皮鱼的浓郁的鲜味与酿造醋清爽的酸度协调一致，可以做出完美的寿司。

资料

分布在除冲绳岛以外的日本各地的海洋中。【 鲱形目鲱科 】

季节： 梅雨季开始到秋季。

名称： 因为身体有斑点，在鱼类交易市场被叫作“七星”。

食用： 渔获量的丰歉以 10 年左右为一个周期。在渔获量较少的时候，每条鱼可能要高达 3500 日元。

连紫式部也喜爱的平民食物，有时比鲷鱼还昂贵

沙丁鱼围绕日本群岛洄游，是金枪鱼和旗鱼等食肉鱼类的食物。由于沙丁鱼吃浮游生物，它们也被称为“海洋中的草食动物”。它是日本家喻户晓的鱼类，通常被晒干或者加工成沙丁鱼干。尽管有的时候被说成是下等鱼，但是据说《源氏物语》的作者紫式部却非常喜欢。每隔几十年就会有一个渔获量丰收和歉收的周期，在歉收的季节，价格上涨到高于鲷鱼的情况并不少见。

鲱鱼

加工品比鲜鱼更常见。

用醋腌后做成的握寿司。冬季从北海道打捞的鲱鱼用醋稍稍腌渍之后做成的握寿司。比沙丁鱼口感更清爽，是味道优雅的高级品。

亮皮鱼

资料

分布在千叶县日本海北部。【鲱形目鲱科】

季节：秋季至春季。

名称：日本阿伊努语中的“HEROKI”。

食用：过去在日本松前藩地区，这种鱼曾替代稻米成为征收的贡品。

最初是北海道当地的寿司食材，逐渐在其他地区流行

这是北海道等地的当地寿司食材，但由于味道鲜美，逐渐在其他地区流行。它有青鱼特有的独特鲜味。肉质甘甜，用醋腌制后会增强它的味道。秋季在日本海和三陆地区捕捞上市的鲱鱼，会让寿司厨师兴奋不已。

丁香鱼

身上有银色的条纹，像披了授带的王子。

用手直接剥开的两片小型丁香鱼做成的握寿司。鱼身上的银色条纹非常漂亮，味道也很浓郁，调味料是葱姜。

亮皮鱼

资料

分布在日本南部。【鲱形目鲱科】

季节：秋季。

名称："KIMI 沙丁鱼"或"HAMAGO 沙丁鱼"。

食用：在日本九州被广泛用于各种烹饪中，比如火锅料、鱼干、天妇罗和生鱼片，几乎找不到没有这种鱼类的料理。

九州地区格外喜爱的小巧美丽的鱼

丁香鱼是日本九州经典的寿司食材。银色条纹贯穿全身，在剥去鱼皮后还漂亮地保留着。鱼肉美味，但体形很小，所以需要好几条鱼才能做成一贯寿司。可惜的是，除非在原产地，否则不能每天都吃到生鲜寿司，但是一旦吃过，您就想马上回到产地再吃一次。

针鱼

始于春天的江户前，现在也大量被捕捞。

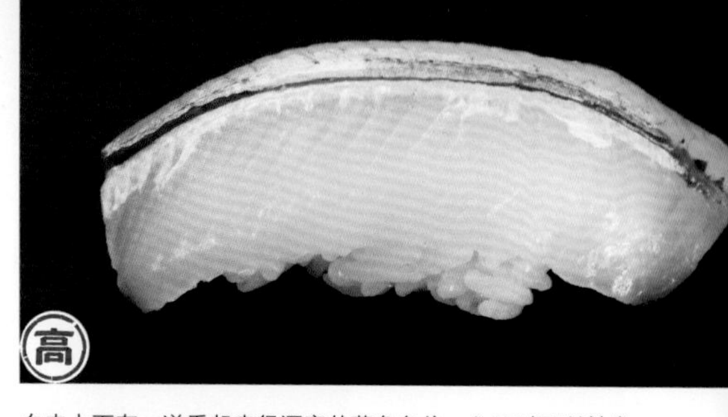

白肉上面有一道看起来很漂亮的蓝色条纹。入口时可以触发到美味的口感、浓郁的鲜味和类似于青鱼的甜味，余味略苦，如同春天的感觉。

用醋洗过之后的半片鱼肉做成的握寿司。卷曲的鱼肉上加鱼肉松是这种寿司的传统造型。鱼肉微微的苦味之后是肉松的甘甜，可以说是绝妙的搭配。

用醋腌渍后做成的握寿司。因为造型像头带一样，有人称其为的“钵卷”，虽然是否正确不得而知。清爽的口感和独特的针鱼风味，吃过以后就会上瘾。

资料

栖息于北海道至九州。【颌针鱼目颌针鱼科】

季节： 冬季到春季。

名称： 体形较大的针鱼被称为“KANNUKI”（“闩”）。

食用： 针鱼外边看起来确实很漂亮，但腹部打开却是黑色的。鱼类交易市场的人会用“像针鱼一样”形容心眼儿坏的人。盐烤之后非常美味。

代表江户前的鱼，目前在东京湾还存在

栖息于平静的海面附近，用细长突出的下颚挑出小型甲壳类生物中的肉为食。由于身体透明，肉食鱼类难以发现。产地在濑户内海、北陆或者若狭湾等地。在江户前的内房海域，一到春季就会开始大量捕捞这种鱼。春天的针鱼被叫作“苦味”，在石川县，这种鱼也被称为“花见鱼”。当严寒过后、天气渐暖，与日本芹、山芹菜和贝类一起搭配食用，针鱼的苦味居然会因此变得如此美味。

秋刀鱼

脂肪层的厚度的变化，让人感知季节的变迁。

从 9 月开始，秋刀鱼的皮下开始出现脂肪。裹着脂肪的鱼肉在口中融化，味道浓郁。紫苏的香味让秋刀鱼的味道变得柔和。与寿司饭的搭配也美味非同寻常。

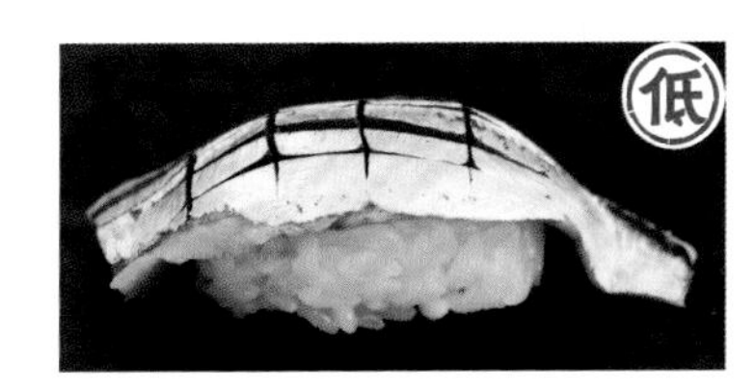

在日本海捕捞到的秋刀鱼没有脂肪，用醋腌渍后做成的握寿司。味道清淡爽口，散发出秋刀鱼特有的鲜味。

资料

遍布日本各地。【竹刀鱼科】

季节： 秋季。

名称：“针鱼”或“SAILA”。

食用： 秋刀鱼有两种，太平洋秋刀鱼和日本海秋刀鱼。通常所说的秋刀鱼是太平洋秋刀鱼。日本海中的秋刀鱼脂肪含量低，因此鲜为人知。

遍布日本各地，但最主要的品种是太平洋秋刀鱼

秋刀鱼在日本群岛南北洄游，在相对温暖的水域产卵。新生鱼苗比铅笔还细小，被称为“针子”（HARIKO）。随着它的成长不断向北迁徙。七月，日本北海道东部洋面取消捕鱼禁令时，用小型船捕捞到的“初秋刀鱼”可以卖出非常高的价格。2017 年以来，由于渔获量不高，价格更是高得令人难以置信。当八月开始，用有灯火的捕鱼船大量捕捞后，秋刀鱼的价格立即下降。最近才开始被用作寿司食材。

白腹鲭

很久以前是“便宜的寿司”。

用醋腌渍后做成的握寿司。脂肪丰富的秋季白腹鲭，用醋浅渍之后做成的寿司，在口中轻轻散开后的甜味，伴随清爽的醋香和酸味，回味悠长。

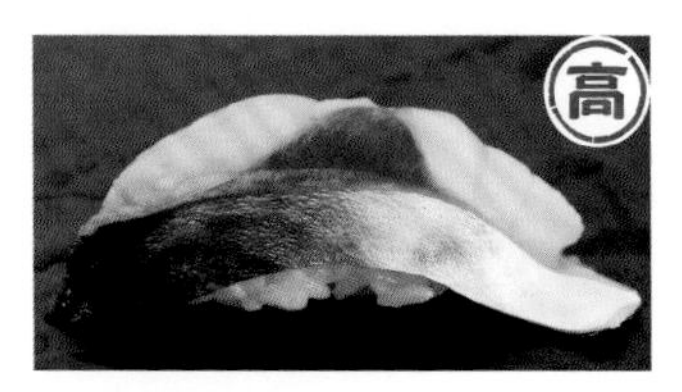

人工养殖的白腹鲭。如同大腹肉一般，表面的脂肪只需在室温下就会微微融化。一旦入口时，鱼肉立即融化，具有非常甘甜和浓郁的鲜味。

资料

遍布日本各地。【鲭科】

季节：秋季至冬季。

名称：“本鲭”“平鲭”。

食用：鲭鱼是百药之王。据说它可以清血管、预防老年病、改善视力、使皮肤光滑、增强脑力等。

从前平淡无奇，现在是耀眼食材

白腹鲭有两种：一种在日本群岛附近从北向南长距离洄游，另外一种在相对狭小的海域中洄游，而后者通常被认为更美味。在过去，它被烤、煮或醋渍后食用，但如今通常以生吃为主。这一重大变化，是从 20 世纪 80 年代在日本大分县佐贺关市用活缔法处理捕捞的白腹鲭开始的。生鱼片主要在九州被食用，之后渐渐在日本关东地区广为人知，白腹鲭成为超高级的寿司食材用鱼之一。

花腹鲭

相比白腹鲭，栖息于稍微温暖的海域。

在三重县海域用网围捕捞渔船捕获的花腹鲭，用醋腌渍后做成的握寿司。初秋的时候，鱼肉体内的脂肪浓郁的鲜味与醋和寿司饭完美地结合在一起，让人一吃就着迷。

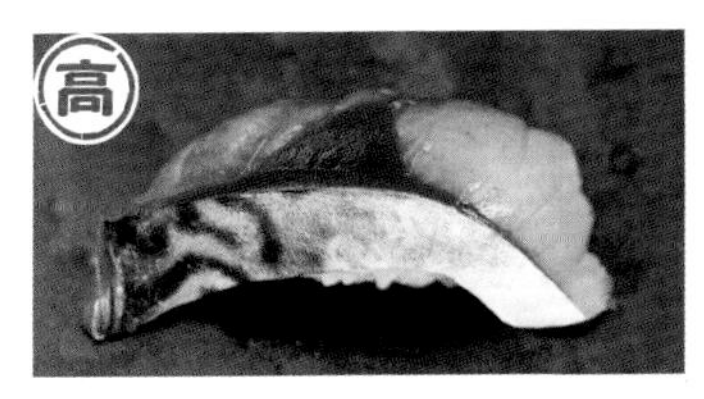

用固定网捕获到的花腹鲭，马上折断鱼头，让其立即死亡。这种处理方法能够让鱼肉保持很强的弹性，并且咀嚼时有嚼劲的口感。尽管和寿司饭不是最佳搭配，但也非常美味。

资料

分布在北海道南部以南的海域。【鲭科】

季节：产卵季节长，一年四季都有。

名称：“丸鲭”。

食用：用于荞麦面汤的鲭鱼干（鲭节）的原料，是决定荞麦面美味与否的重要因素。

最初是便宜的鱼，在原产地宣传此鱼的美味

尽管它在北海道以南的日本群岛周围洄游，但经常在温暖的水域被发现。因为它在经常出现在近海表面，所以它也被称为“浮鲭鱼”。最初，这种鱼通常被干燥加工成为鲭节（类似于鲣节）和干鱼。但是近年来，由于全球变暖，渔获量有所增加，有更多机会在鲜鱼中看到它们。改变花腹鲭价格的，是日本高知县土佐清水市的“清水鲭鱼”和鹿儿岛县屋久岛的“折颈鲭鱼”，两者都可以生吃，随后各地纷纷效仿，不断增加花腹鲭的保鲜期。

竹荚鱼

过去主要用醋腌渍，现在主要是生食。

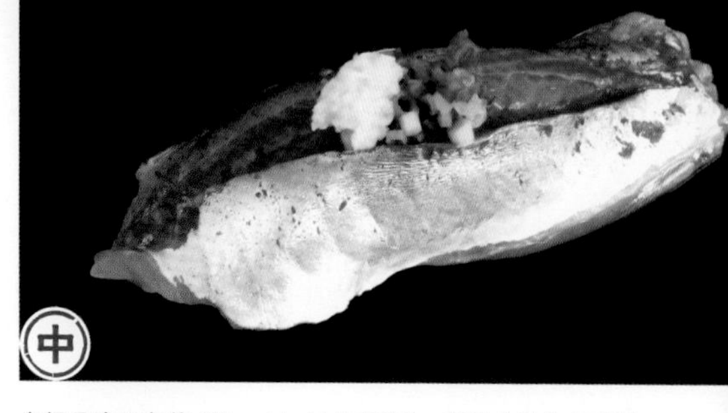

岛根县滨田市的“Donchicchi 竹荚鱼”。脂肪含量为 10% 的鱼肉，口感如同大腹。入口即化，并立即与寿司饭混合，瞬间就消失在口中。

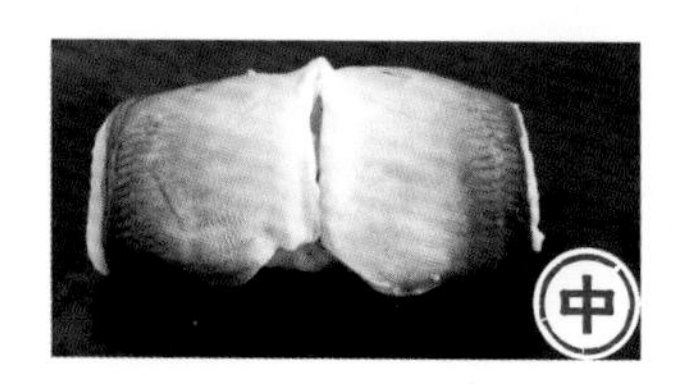

用醋腌渍后的整条鱼。小型竹荚鱼用醋腌渍后做成包裹住寿司饭的握寿司。即使体形很小也油脂肥美，在口中轻轻散开后，散发出甜味，酸味带出清爽的回味。

资料

从北海道南部到东中国海。【鲹科】

季节：春季到夏季。

名称：“本鲹”“平鲹”。

食用：根据鱼类交易市场的商贩说，因为日语中味道好的“味道”和竹荚鱼的发音（AJI）一样，所以被称为“AJI”。虽然对竹荚鱼名字的由来众说纷纭，但是因味道鲜美而被称为“AJI”的故事，听起来也是最合理的。

生食竹荚鱼最近才形成习惯，经济的高速发展让这种吃法迅速普及

常见于日本群岛沿岸地区。与近海的黑色细长形相比，生活在相对较浅海域的竹荚鱼，体形更小且带黄色，略圆。这种竹荚鱼更美味，交易价格也更高。日本各地都有不同品牌的竹荚鱼，除了以产地命名因而价格就飙升的淡路岛沼岛产的竹荚鱼外，还有根据需要测量体脂才能出货的岛根县滨田市的“Donchicchi 竹荚鱼”、活缔法处理后出货的大分县大分市佐贺关卡的“关鲹”以及长崎县的“旬鲹”，对这些竹荚鱼的需求逐年递增。

蓝圆鲹

这么美味的鱼被当作替代品，有些可惜。

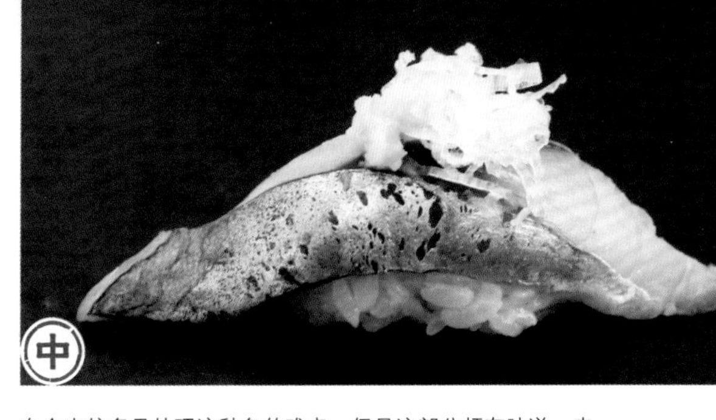

血合肉较多是处理这种鱼的难点，但是这部分颇有味道。皮下脂肪的甜度和血合肉的微酸，交织出无与伦比的美味。

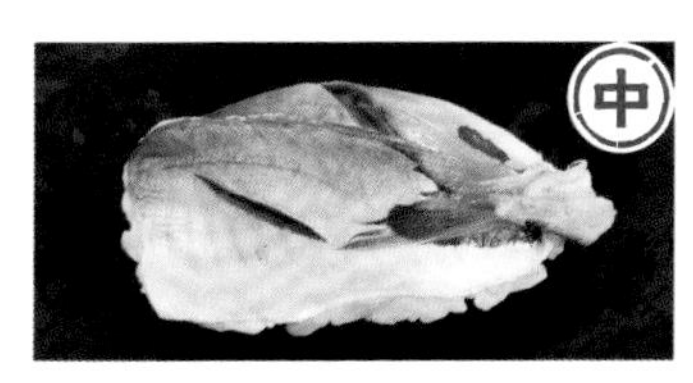

将体形较小的蓝圆鲹用醋腌渍，用半侧的带皮鱼肉做成的握寿司。它具有清淡雅致的味道。醋饭的清爽口感和鱼肉的甘甜相得益彰，一吃就停不下来。

资料

分布于日本南部海域。【鲹科】

季节：秋季至次年夏季。味道差异不大。

名称：“蓝鲹”。

食用：经常在电视上被介绍为“竹荚鱼”，被鱼类交易市场的商贩们当作笑话。但即使是专业人士，有时也会把这种鱼认错。

和竹荚鱼是不同的种类，是栖息于温暖的水域的鱼

栖息在相对温暖的水域。和竹荚鱼不同，是属于鲹科下面种类最多的圆鲹属的鱼类。它有时在鱼店和超市被当作“竹荚鱼”出售，但比竹荚鱼便宜得多。这种鱼味道很好，因此无须冒充成竹荚鱼出售。没有以特定产地作为品牌。大量的蓝圆鲹通过固定网而不是网围捕捞，是需要仔细处理的高级鱼。

甘仔鱼

尽管有鲷鱼的形状，但是属于鲹科。兼具白肉鱼和青鱼的双重美味。

看起来有点像岛鲹，但是区别在于脂肪的含量。脂肪在整个身体中混合，看起来呈白色。入口时浓郁又甘甜，可以感受到华丽的鲜味。它非常适合搭配寿司饭，既漂亮又美味。

用炙烤过鱼皮的甘仔鱼做成的握寿司。鱼皮香气浓郁、皮下脂肪融化，将甜鲜的一贯寿司放入口中，鱼肉与寿司饭产生的碰撞如同一场美味的演出。

资料

分布于日本南部海域。【鲹科】

季节：春季至夏季。

名称："银鲹""镀金"等所有可以形容光辉的名字。

食用：在神奈川县相模湾，它被称为"KAKUAJI"，是当地的特色菜。

鲹科中的异类，栖息于和其他同类不同的深水海域

在相对温暖的水域深处的栖息的漂亮圆形鱼。它以味道之美而不是外表之美而闻名。有人认为它比岛鲹更美味。主要产地是在骏河湾以南、九州等地区。这种鱼在相模湾附近特别受欢迎，是当地的特色菜。由于数量很少，因此大部分都是在产地附近才能吃得到，但是这种鱼的味美，即使在东京和其他地方也都广为人知。

沙梭鱼

是江户前的顶级食材，在日本被称作“海滨沙滩贵妇”。

用长约 20 厘米的半侧的鱼肉做成的握寿司。鲜度好的沙梭鱼肉质雪白有透明感，口感细腻、清爽鲜美，适合与寿司饭做成握寿司。也推荐用柑橘类水果和盐调味食用。

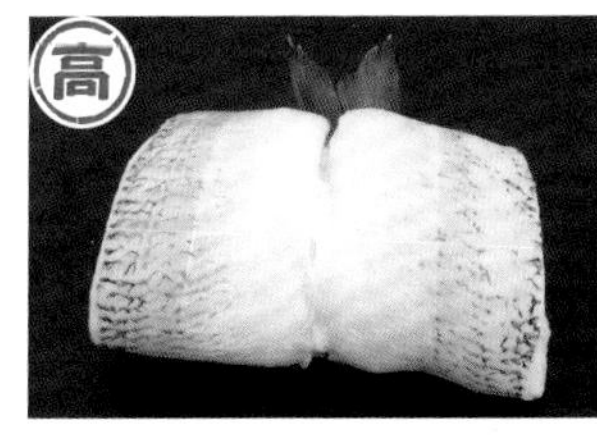

江户时代以来传统的做法，是用醋腌渍的整条鱼做一贯寿司。剖开鱼腹并保留鱼尾是传统方法之一，味道清爽。与寿司饭相得益彰且形状美观。

资料

栖息于北海道南部以南的海域。【鲈形目鱚科】

季节： 春季至夏季。

名称： 与它类似的鱼是青沙梭鱼，但是味道稍微逊色。而比较美味的是“本沙梭鱼”和体形更大的“HIJITATAKI”。

食用： 江户前寿司必不可少的食材，同时也是江户前天妇罗中的大明星。尤其是初夏时用沙梭鱼做的天妇罗是极品美味。

日本江户时代非常奢华的食材，是高级料理店的料理或者馈赠品

沙梭鱼通常在日本群岛的相对较浅海域的砂地中被发现。在江户前东京湾，这是家喻户晓的一种美味小鱼，但不幸的是它无法被大量捕获。由于它不仅用于寿司，还用作天妇罗和高级料理店的汤碗的食材，因此在鱼类交易市场总是稀缺且昂贵。代表产区是三河湾、濑户内海和新潟县的日本海。由于产量不足，因此会从东南亚和南半球进口一些类似的鱼类。

带鱼

一种没有鳞片和尾鳍的奇怪银白色鱼。

白带鱼。近年来成为主流的是用炙烤过鱼皮的鱼肉做成的握寿司。烤过的鱼肉上的脂肪呈液体态，入口时，脂肪的香气、甜味和浓郁的鲜味立即出现。

上为白带鱼，下为天竺带鱼。

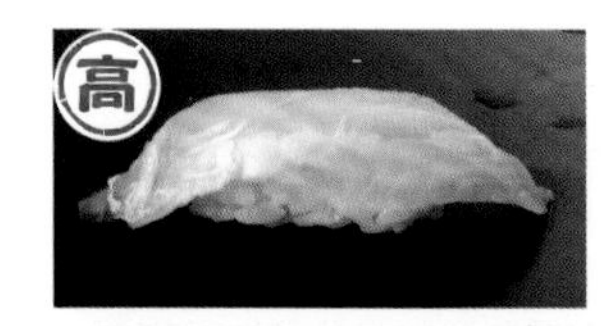

超过 1 米长的天竺带鱼去皮后做成的握寿司。油脂出奇的甜美，并与寿司饭混合在一起，营造出真正优雅余香，是顶级的美味。

资料

白带鱼：分布在在北海道南部以南的海域。【鲈形目带鱼科】
天竺带鱼：日本和歌山县南部。分布于亚热带和热带地区。【鲈形目带鱼科】
季节：基本上是夏天，但是产卵季节很长，因此全年都有。
名称：因为带鱼狭长的体形，所以有了“刀”和“马刀”等这些听起来危险的名字。
食用：覆盖身体表面的不是鳞片，而是银白色的、可食用的鸟嘌呤。直接食用这些发出银白色光芒的物质，味道更佳。

现在有两种类型的带鱼，体形越大超高级

带鱼有两种：日本群岛中分布广泛的“白带鱼”，和在亚热带和热带地区的“天竺带鱼”。后者是日本除了冲绳岛以外其他地区没有的稀有鱼类，但是随着全球变暖，捕获量也在不断增加。在日本，这两种带鱼没有区别。带鱼体形越大味道越好，价格也越贵。代表产区是和歌山县。带皮和去皮两种不同做法，做出的握寿司味道差别很大。

马鲛鱼

在江户前寿司出现之前，作为押寿司的食材很受欢迎。

白色而有些浑浊的鱼肉，比透明的鱼肉含有更多的油脂。它具有浓郁的甜味和融化的质感，是有别于金枪鱼腹肉的另一种美味。

体形较小的幼马鲛鱼（SAGOSHI）与体形较大的成年马鲛鱼（SAWARA）的味道不一样。鱼皮有香味。用火炙烤后突出鱼皮香味做成的握寿司。

资料

分布在青森县南部。【鲭科】

季节： 从冬季到春季。

名称： 马鲛鱼也是“出世鱼”，在不同成长阶段有不同的名字，体长 50 厘米以下的叫“SAGOSHI”，体长 50～70 厘米的叫“YANAGI”，更长的为“SAWARA”。

食用： 日本香川县的乌鱼子（日文叫“唐墨”或者“KARASUMI”），就是用这种鱼的卵巢制成的，这和鲻鱼做成的卵巢有不一样的味道。在濑户内海这种鱼的产卵季节，它们会簇拥到海面，形成一个隆起的小岛，被称为“鱼岛”。

日本西部的鱼类不断进入日本东部，近年来更穿越津轻海峡

在过去，这种鱼在西日本的濑户内海非常丰富，而在东日本则很少。近年来它的栖息地逐渐向北扩展，在北海道也能捕获到这种鱼。它是以竹荚鱼和鲭鱼为食的肉食性鱼，体长超过 1 米。它也被称作出世鱼，原因是体形越大，味道越好，价格也越高。超过 3 千克的马鲛鱼就是高级鱼类。尽管日本海的渔获量急剧增加，但马鲛鱼在西日本的饮食文化中却更历史悠久。

飞鱼

春夏秋冬四季轮回，不同种类的飞鱼交替出现在鱼类交易市场。

春季的飞鱼。大型的生鱼片直接做成的握寿司。与葱姜搭配，味道非常出众。它具有浓郁的鲜味，而甜味紧随其后，非常适合搭配寿司饭。

夏季的飞鱼。用炙烤过鱼皮的鱼肉做成的握寿司，伴随着鱼皮香味的是鱼肉特有的甘甜。因为初夏油脂肥美，飞鱼握寿司一放到口中，油脂就弥漫而出。

秋季的飞鱼用醋腌渍。鲜味浓郁、血合肉中有青背鱼特有的味道，用醋去平衡这些味道，能带出无穷余味。搭配寿司饭的甜味，是极品的亮皮鱼寿司。

资料

分布于北海道南部以南的海域。【颌针鱼目飞鱼科】

季节：春季至秋季。

名称：“春季飞鱼”“夏季飞鱼”“秋季飞鱼”等，根据不同季节而命名。

食用：日本伊豆群岛的“KUSAYA”，日本海本州和九州的水煮后晒干的“飞鱼干”和烤过后晒干的“烤鱼干”，日本岛根县的“烤日本鱼糕”等，飞鱼被做成各种加工品。

从梅花绽放之前，到层林尽染的深秋，一直都可以捕到飞鱼

因为拥有巨大的胸鳍，根据种类的不同，有的飞鱼最长可以在海上“飞行”达600米。在东京，从梅花绽放的时节到初夏，是从屋久岛和伊豆群岛来的春季飞鱼。随着夏季而来的就是夏季飞鱼的上市。到了九月就是秋季飞鱼。虽然每种飞鱼在所有超市中都很常见，但全都被叫作“飞鱼”，也会令人混淆。

日本叉牙鱼

如果仅用做火锅料或做成鱼干，就无法体会到生鲜食用的美味。

鱼皮下的银色非常美丽，吃起来如同其外形一样是淡雅的味道，同时它具有适度的甜味，令人上瘾，一不留神就会吃很多。

鱼皮稍微有点硬，但是仔细咀嚼后，会感觉到浓郁的鲜味和独特的风味。

资料

分布在山阴以北的日本海和北海道。【鲈形目毛齿鱼科】

季节： 秋天到春季。

名称： 在日本鸟取县，它被称为“白叉牙鱼 SHIRAHATA”，通常与秋田县捕捞到的叉牙鱼不同。

食用： 秋田县烤制食用时发出“BURIBURI”的声音，所以其卵巢被叫作称为“BURI 子”，深受欢迎。

亮皮鱼

虽然在秋田县很有名，但日本海和北海道等其他产区的产量也不少

日本叉牙鱼栖息于较冷水域的深沙区，在产卵季节移至浅水区。自古以来的主要产地是秋田县，这种鱼在产卵洄游的时候被捕获，卵巢（或者被叫作“BURI 子”）会被用来做火锅或者烧烤料。当海浪汹涌、听到震耳雷声之时，就能大量捕获这种鱼。最近，在产卵季节外，近海捕鱼也变得很流行。虽然有些鱼还没有成熟，但脂肪已经丰富且美味。

小鲷

江户时代以来的传统寿司食材。

真鲷

真鲷幼鱼“春日子”，虽然颜色有些暗淡，但是肉质紧实、味道浓郁。就口味而言，许多寿司厨师认为是最好的。

资料

真鲷→第 94 页
血鲷→第 95 页
黄鲷→第 96 页

季节： 真鲷从秋天到冬季，血鲷和黄鲷则全年都有。

在江户湾浅水区成群出现，是江户前的典型寿司食材

小鲷是鲷鱼科的鱼。成鱼在近海出现，而幼鱼却聚集在相对较浅的水域。江户时代在东京湾流行的利用风力的囊式拖网，可以捕获大量这样的幼鱼。低成本让小吃摊可以将其制作成供平民百姓食用的寿司。但是也会捕捞到品质好的鲷鱼，但是要么被幕府将军家族购买，要么在鱼类交易市场以高价出售。

由于价格便宜，而且味道鲜美，用这种江户前的小鱼做成的握寿司，在江户时代后期爆炸式增长。即使现在，小鲷仍然被称为“亮皮鱼三尊”之一。

血鲷

血鲷作为“春日子”最为常见，因为它的颜色让人联想到樱花的花瓣。寿司厨师都格外小心，不弄散这种颜色。它柔软适度，很适合寿司饭搭配，口味清淡，一吃就停不下来。

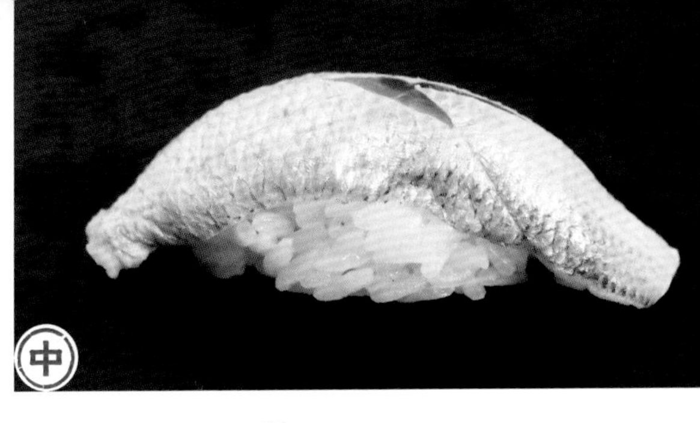

黄鲷

在关东地区很少见，主要用于西日本的寿司店中。红色的鱼皮上会浮现出金色，非常漂亮。用醋腌渍后，浓郁的鲜味会更加明显，想一直不停享用这种美味。

日本三种鲷鱼的幼鱼，三者各有其味

真鲷、血鲷和黄鲷是日本的“国产三鲷”。有进口的，也有在热带地区捕获的。虽然也有黑鲷，但是这三种鲷鱼是最常见的。东京小鲷中最基本的是血鲷，在鱼类交易市场最常见。

星鳗

关东煮鳗鱼，关西烤鳗鱼。

头部一侧称为上半身，尾部一侧称为下半身。据说，将上半身皮朝上，下半身肉朝上，才是正确握寿司。通常下半身的味道更好，因此在寿司店中，通常剩下的是上半身。把鱼肉煮得很软，舌头一碰到就会散开，在握成寿司前稍微炙烤一下。煮鳗鱼时不添加山葵。

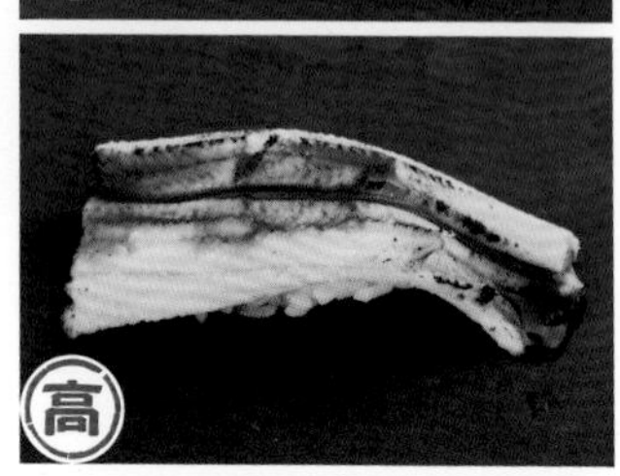

在大阪的鱼类交易市场中用烤鳗鱼做的握寿司。在西日本，烤鳗不仅用在寿司中，在许多菜肴中都被大量使用。带皮星鳗的肉质黏、香、味道浓郁。和寿司饭的酸味搭配合适。山葵会被使用。

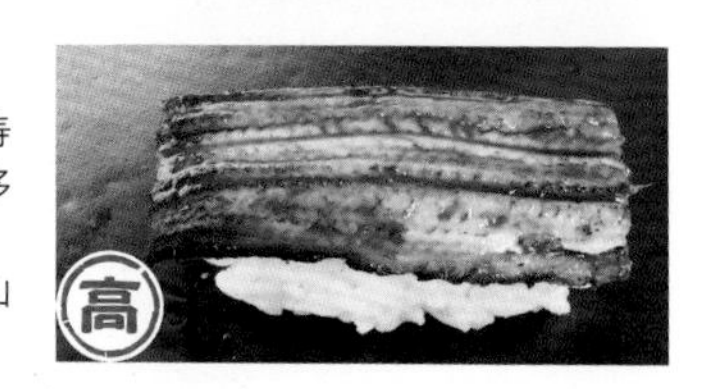

资料

日本各地、中国海和朝鲜半岛。【鳗鲡目康吉鳗科】

季节：夏季。

名称："HAKARIME""HAMU"。

食用：在靠近城市的内湾有很多，自古以来就是为人熟知的鱼。东日本的炖煮鳗鱼，在西日本烤鳗鱼都很有名。在江户前，它也是用作天妇罗的代表性食材。

在北海道到九州的内湾都很常见的鱼

在靠近都市的内湾也很常见。夜行鱼类，白天会躲在洞穴中，因此日文称为"穴子"。在几种类型的食用鳗中，星鳗的捕获量最高。自古以来，羽田附近的江户前东京湾最负盛名，被认为是最高级别的鳗鱼。此外还有许多其他产区，如常盘、三河湾、广岛、濑户内海和山阴地区的岛根县。韩国产的鳗鱼也被认为是高品质的，价格也很高。

白鳗

脂肪含量一般，但是味道不错。

鱼肉煮得很软，舌头一碰到就会散开，然后加上山葵做成握寿司。尽管比星鳗清淡，但是口感依然黏糯，并且甜味浓郁，与寿司饭融为一体。

白鳗眼睛后侧的上部和下部可以看到类似眼影的短条纹。

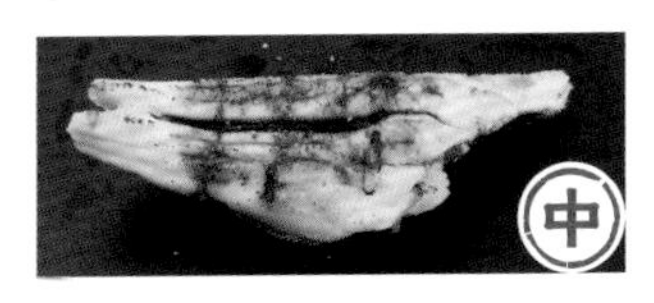

用白鳗的下半身做成的烤鳗鱼握寿司。炙烤后的香味和鱼肉本身的鲜味胜过脂肪的甜味，和寿司饭搭配，无比美味。

资料

栖息于日本各地的浅沙中。【鳗鲡目康吉鳗科】

季节：春季至夏季。

名称：兵库县明石市的“白穴子”“金穴子”和“MEBACHI”。

食用：与捕获量相对高的星鳗不同，它是更代表地方区域的鱼。白鳗做成天妇罗和寿司一样好吃，但是味道略输星鳗。

与星鳗完全不同，栖息在相对较近的沙地中

白鳗栖息在日本各地的浅沙中。通常被底部拖网捕获，但捕获量少于星鳗，遗憾的是这种鳗鱼卖不出高价。白鳗还有一个奇怪的日本名字叫“御殿穴子”，是因为它的眼睛后面有淡淡的墨色部分，看起来像眼影，“宛如任职于宫殿中浓妆重彩的宫女”，从而得到这个标准日本名。白鳗剖开后的鱼身宛如白肉，味道清淡优雅。

合鳃鳗

虽然在日文中被叫作“穴子”，却是深海鱼。

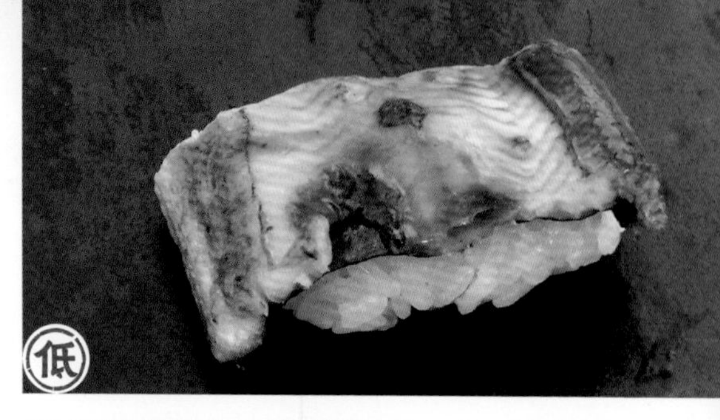

用加工过的烤鳗鱼炙烤后做成的握寿司。尽管口感有些黏稠，但肉质柔软，接近星鳗，做成握寿司也不错。

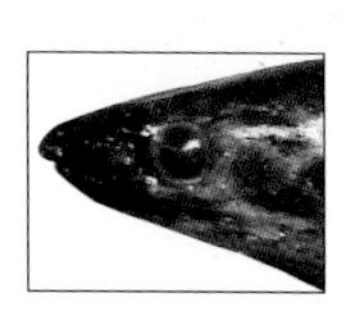

眼睛位于鳗鱼嘴中央的上方。

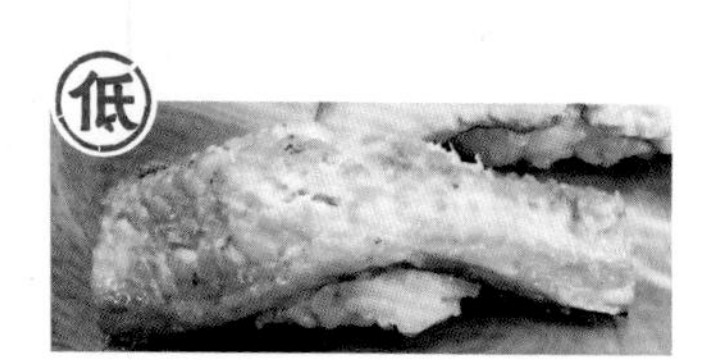

和星鳗一样，用酱油、清酒和砂糖一直炖煮。口感出乎意料地清淡，但是缺乏令人印象深刻的味道。

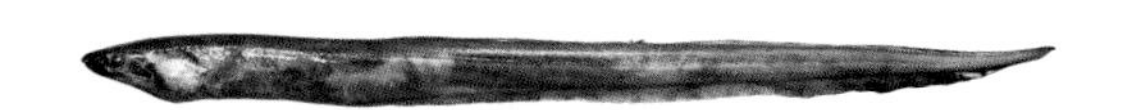

资料

分布于北海道南部至东中国海。【鳗鲡目合鳃鳗科】

季节：所有都是加工产品，没有特别的时令。

名称：宫城县石卷市叫作“冲海鳗 HAMO”。

食用：相比星鳗，合鳃鳗是超市中的主流，相对便宜，味道也不差。

日本名字中带有“穴子”，易造成误会

合鳃鳗是栖息在北海道南3000米以上的海底的一种深海鱼类，和星鳗不一样，属于合鳃鳗科。鱼鳞是棒状的，清晰可见，体表没有黏液。由于栖息在深海，在宫城县等地会进行大量海底拖网捕捞，渔获在港口可以堆成像小山一样高。近年来常用作加工烤鳗鱼这类熟食。代表产地是日本宫城县和北海道。

蛇鳗

来自地球另一端的鳗鱼。

用煮鳗鱼做成的握寿司。它的味道不像鳗鱼。由于脂肪含量低，许多人会觉得有些不满意。但是，味道清淡且没有怪味，也是可以用作寿司的上等食材。

图片提供：阿部宗明著《新面孔的鱼》(再版) MANBO 出版社

鳗鱼

资料

分布在南美洲西海岸。【鳗鲡目蛇鳗科】
季节：进口食材，不受季节限制。
名称：也被简单称为“穴子”。
食用：在秘鲁是一种美味且非常受欢迎的食用鱼。

虽然分类中有“蛇”字，但不是爬行动物，而是百分之百的鱼

分布在南美洲西海岸，在很大程度上是鳗鱼的同类。在相模湾，这种科目下的鱼会被称为“海蛇”，因此蛇鳗的日本名“丸穴子”令人容易误解。产地是秘鲁。在当地是美味的食用鱼。世界上大约有 250 种蛇鳗科的鱼类，但几乎很少被食用，这种鱼是个例外。

河鳗

在东京深川人工养殖已有约 130 年历史。

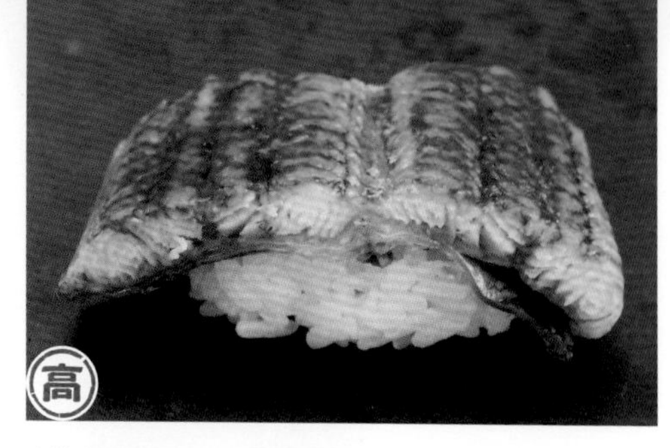

在做成握寿司前，把河鳗炙烤一下，是最好的品尝方法。进餐前先感受它的香味，甜中带咸的酱汁，浓郁的口感，以及与寿司饭绝美的搭配。这种美味令人着迷。

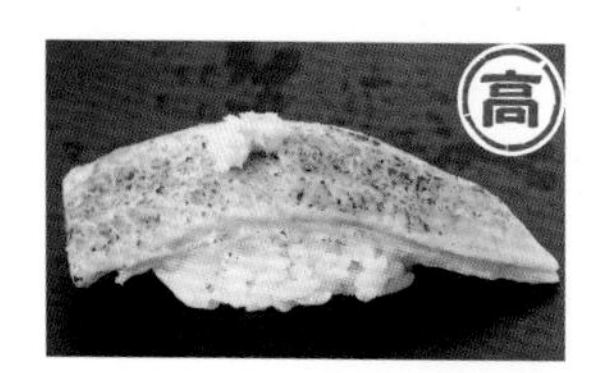

在寒冷的季节，据说用中国台湾产的不用酱汁烤制的河鳗，比日本产的更美味。进餐前稍微用火炙烤，再撒上适量的盐和山葵。比起用酱汁烤的河鳗，更容易感受河鳗的原始味道，很适合搭配山葵稍重的味道。

资料

分布于北海道以南的日本各地【鳗鲡目鳗鲡科】

季节：野生河鳗的时令是秋季到初冬，人工养殖的则是初夏。

名称：鱼苗叫“SHIRASU”，初具鳗鱼形状的叫“黑目”，超大型的叫“大河鳗”。

食用：西日本把河鳗从腹部切开，不用蒸，直接连着头部一起烤。而东日本把河鳗从背部切开并去头，然后切成数块，先烤再蒸，然后再烤一次。西日本把烤过的头部叫作“半助”，和豆腐一起炖煮，味道鲜美。

“江户前”一词最初用在河鳗身上

河鳗在关岛附近的深海中产卵。柳叶状的鱼苗沿着暖流北上，到河川中成长。从日本明治时代开始进行人工养殖，现在几乎没有野生河鳗。河鳗的鱼苗从秋季到次年春季被捕获、养殖，以用于几个月后的“土用丑日”，日本在这一天有食用河鳗的传统习俗。代表产地是鹿儿岛县、爱知县和中国台湾地区。从前，食用野生鳗鱼季节是秋冬季，夏季由于销量不佳，很多餐厅都闭店停业。改变这种夏天不吃鳗鱼窘状的，据说是江户时代日本的博物学者平贺源内，他提出夏季“土用丑日吃鳗鱼可以补充元气以消暑”，这一传统延续至今。

海鳗

在京都的祇园祭庆典期间会消耗 2 万条海鳗。

用“骨切”方法切断海鳗的鱼骨，但是不切穿鱼皮，处理海鳗的多刺。稍微用火炙烤后，做成握寿司。扑鼻而来甜美香气和在口中融化的感觉令人很难抗拒。搭配山葵酱油或醋橘，都很美味。

骨切处理过的海鳗肉在热水中汆烫，这种做法在京都叫作“OTOSHI”，在大阪叫“CHIRI”。搭配梅肉酱调味。是外观雍容华贵、味道清淡高雅的高档寿司。

资料

栖息于福岛县以南的中国东海。【鳗鲡目海鳗科】

季节：夏季。

名称：“本鳢”“海鳗鱼”

食用：用酱汁烤海鳗（“蒲烧”），在大阪被称为“海鳗板”，在兵库县被称为“YAKITOOSHI”。尽管价钱昂贵，但是却非常美味。做完剩下的海鳗皮和小黄瓜，用醋凉拌，就是夏天的味道了。

在日本海鳗内陆地区和京都诞生的海鳗料理，只有“骨切”处理后方能食用

栖息在温暖的水域中的浅水区，是鳗鱼家族的一员，牙齿非常锐利。雌性海鳗比雄性的体形更大，作为食用的主要是雌性海鳗。生命力很强，能活着运送到远离大海的京都。对于鲜鱼稀缺的地区，这种鱼非常宝贵。但是海鳗非常凶猛，牙齿锋利且全身布满鱼骨，因此出现了“骨切”这种处理方法。一寸的鱼肉上需要切约 24 刀，切断附着在鱼肉中的鱼骨，方能食用。从那时候起，海鳗就成了高级鱼类。

鲆鱼

绝对是最上等的白肉鱼肉。

日本青森县野生鲆鱼的背部肉。稍微切厚一点，做成的握寿司，可以享受到白肉特有的鲜味。

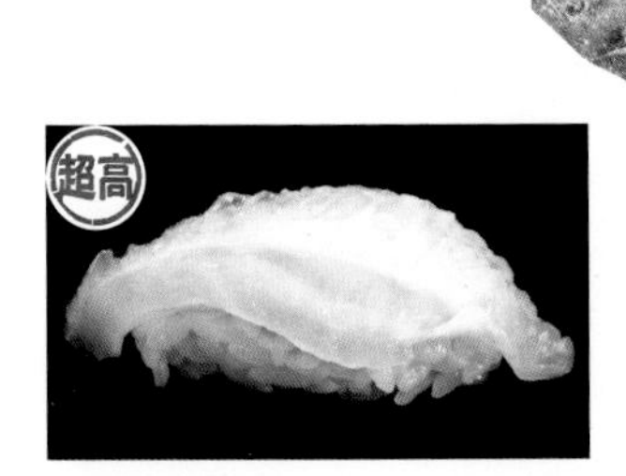

“鳍边肉”是比目鱼等鱼类的背鳍肉，鱼肉由内而外散发出油脂的清爽甘甜，在口中慢慢散开，回味无穷。

资料

分布于从北海道南部到南中国海。【蝶形目鲆科】

季节： 秋冬至冬季。

名称： 日本古代不区分鲆鱼和鲽鱼，统一都叫作鲽鱼。古时鲆鱼被叫作“大口鲽”或者“大鲽”。

食用： 体长 1 米左右的大型鱼类。据说体形越大味道越好。

江户时代的“特上等”寿司食材，绝对不会作为次等食材出现

大型鲆鱼超过 1 米，是鱼类中屈指可数的高级鱼。它也是“出世鱼”的一种，在生长的不同阶段被赋予不用的名字。在日本关东地区，1 千克左右的被称为“SOGE”，约 2 千克的被称为“大 SOGE”，除此之外都被叫作鲆鱼。如果从上方看体形略圆，从侧面看是有厚度的则是上等鲆鱼。原则上，活鱼更珍贵，以到早晨还鲜活的鲆鱼做成的握寿司最为美味。寿司食材中，大型鲆鱼的味道更好。

玉膺造鲆鱼

熟悉产区的人都会知道这种鱼的珍贵。

小心地将鱼拆分成五部分并去掉鱼皮，以展现鱼肉表面的银色。用它做成的握寿司，看起来非常漂亮，而且鲜味浓郁，和寿司饭搭配美味难忘。

资料

日本北海道南部到九州南部、中国沿海地区。【蝶形目鲆科】

季节：秋季到夏季，不同地方有微小差异。

名称：“FUNABETA”“DEBERA”“HIGAREI”。

食用：是濑户内海沿岸制作干货“Debera”的重要原料。基本上以干货为主，但是不同产地有不同的烹饪方法。

生吃一次就会对美味魂牵梦绕

这是一种小型鲆鱼，用底部拖网捕获。大部分玉膺造鲆鱼都做成了鱼干，在所有鱼干制品中，又以日本广岛县生产的品质最高。在新潟县，用最好的生鱼片做成的寿司，也很受欢迎，做成的握寿司看起来非常漂亮，而且鲜味浓郁，余味绵延。这么美味的食材，如果只在新潟县这些地区才能享用到，就太可惜了。

鲽鱼

寿司食材中提到的“鲽鱼”就是指这种鱼。

这种白肉鱼的味道很难形容，它没有浓烈的甜味，而且清淡优雅。鲜味和甜味没法马上感受到，但是却慢慢涌现出来。和带有酸味的寿司饭融为一体后，味道更显清淡，吃完以后马上又想再吃一次。

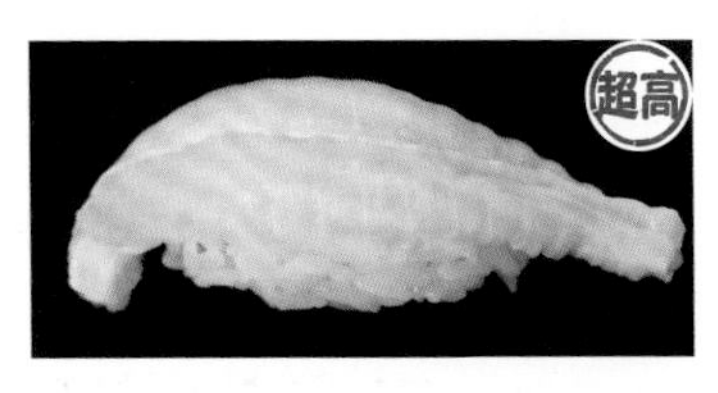

“鳍边肉”具有浓郁的鲜味和甜味，包裹在薄薄的皮肤中。口感很好，而且因为一条鲽鱼只能做 4 贯鳍边肉寿司，所以除非是寿司店的常客，否则很难享用到这种美味。

白肉鱼

资料

分布在九州大分县的北海道。【鲽形目鲽科】

季节：从初夏到秋天。

名称：鲆鱼的嘴大，鲽鱼嘴小，被称为“口细”。

食用：无论煮或烤，最好的时令有两次，鱼肉美味的夏天和卵巢（“真子”）美味的冬天。

江户前东京湾是产地，因捕捞方式和出货状态，在价格上有差异

最有代表性的鲽鱼通常在栖息在北海道的九州内湾浅海海域。拖网渔船的大量捕捞让这种鱼便宜又受欢迎。而小型鱼船用刺网捕捞的 1 千克及以上的活鱼价格却非常昂贵。代表性的产地是北海道和日本东北部地区。而关东地区最受珍视的是来自常盘及江户前东京湾的鲽鱼。西日本的濑户内海和九州北部产的也很有名，其中更以大分县日出町产地的“城下鲽鱼”最为高级。

石鲽

寿司厨师说：
“鲽鱼死了就不会有人买了。”

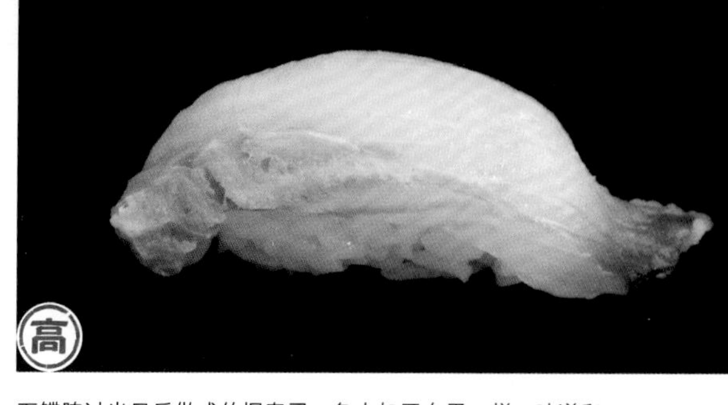

石鲽腌过半日后做成的握寿司，鱼肉如同白雪一样。味道和外表一样端庄，甜味和鲜味都很清淡，但是吃过就能体会到它强烈的口感，对整体味道印象深刻。

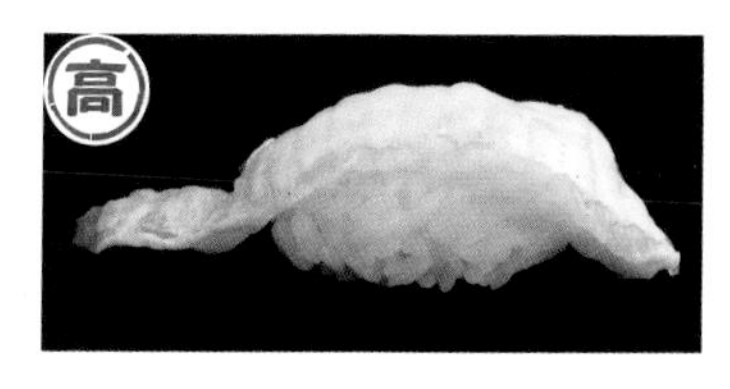

鲜活的“鳍边肉”做成的握寿司，浓郁的甜味和鲜味从鱼肉内散发出来。

资料

遍布日本各地。【鲽形目鲽科】

季节：夏季。

名称：“ISHIMOCHI 鲽”。

食用：石鲽的身体表面的确有石头，这是由鱼鳞变形而成的石状物，周围有异味。这种石状物如同石头一样坚硬，在烹饪之前需要去除。

仅限于江户前的高级鱼类，一旦死去就无人问津

日本北海道、九州和中国东海等浅沙区的大型比目鱼。用刺网或底部拖网捕捞，在其产地是廉价比目鱼的代名词。但是自江户时代以来，它一直是东京高级鱼类的代表。这是因为夏天的白肉很珍贵。原则上，只有活鱼才能用作寿司和生鱼片。比目鱼类的鱼一旦死后，鲜味急速降低，不管是捕获后立即宰杀，还是用活缔法宰杀，都不受好评。

条斑星鲽

日本北部的梦幻比目鱼。味道很好，通过人工放流养殖。

正面的鱼背部分。鱼肉略带红色，入口后味道浓郁，与寿司饭混合，即使鱼肉消失后也余味无穷。

鱼鳍的花纹是带状条纹。

“鳍边肉”具有嚼劲的畅快口感，鲜味渐渐释放出来。结合清爽的寿司饭，可以感受到味道的和谐。

资料

栖息在若狭湾、茨城县北部。【鲽形目鲽科】

季节：秋冬至冬季。

名称：具有节奏感的日本名字“TANTAKA”，意义不详。

食用：日本北部地区对条斑星鲽的评价高于鲆鱼。由于数量稀少，野生条斑星鲽被称为“梦幻之鱼”。

野生条斑星鲽是可遇不可求的梦幻之鱼

能够在日本北部捕获到的大型比目鱼。其粗糙的鱼皮让人联想起松树皮，因而得日本名“松皮鲽”。它和日本南部的圆斑星鲽属于同一种类。神奈川县横滨附近的星鲽就是圆斑星鲽。在日本东北部和北海道，作为高级食材，久负盛名，但条斑星鲽在逐年减少，有一段时间，因为市面上很难见到，也被称为梦幻鲽鱼。近来通过培育鱼幼苗以及放流方式进行人工养殖，缓解了其数量减少的趋势。

圆斑星鲽

老东京人最钟爱的江户前鱼。

比目鱼类中味道相对最强烈的鱼。滴上几滴醋橘，然后搭配盐或酱油。当与盐一起食用时，能吃出原始又鲜活的味道。

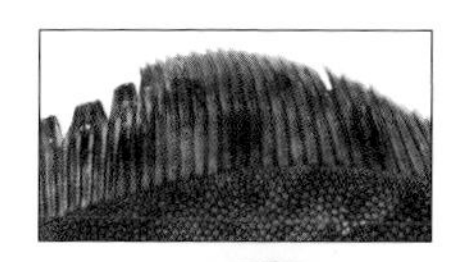

鱼鳍的花纹是圆点。

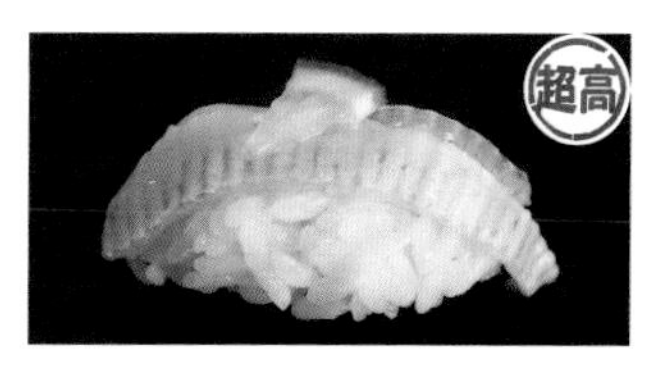

圆斑星鲽的“鳍边肉”是比目鱼类中最美味的。鲜味逐渐散发出来的强烈口感是绝妙的味觉体验。

资料

栖息于北海道南部以南的海域。【鲽形目鲽科】

季节：春季至秋季。

名称：“MOCHI 鲽”或者“UGUISU”。

食用：最具江户前代表的鱼，自江户时代以来，它的美味就被食客口口相传。在江户时代前就是很昂贵的鱼。

栖息在日本南部，但与条斑星鲽的栖息场所有时重叠

它与条斑星鲽相似，不同之处在于该物种的鳍和身体上的花纹是圆形的（条斑星鲽为带状）。一旦斑驳被清除，就很难再区分开。在长崎县和福冈县，它也被称为高级比目鱼，但是捕获量逐年减少，日本各地开始人工培育并放流养殖。在三陆市和九州北部等许多地区，这种鱼都因为稀少而珍贵，而东京人尤其钟爱这种鱼，它是白肉鱼中最上等的美味。

木叶鲽

在日本关东地区没有人气，但在关西以西的地区却大受欢迎。

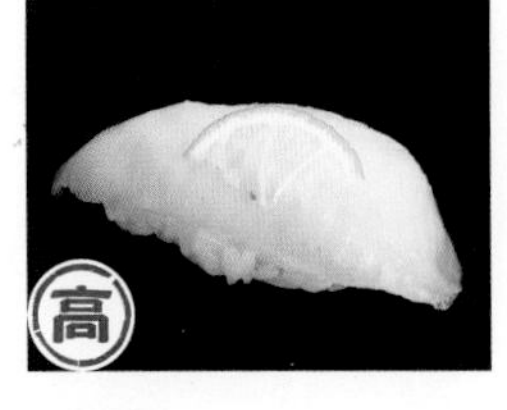

木叶鲽
尽管搭配酱油很好，但为了不破坏其独特的风味和个性鲜明的鲜味，柑橘和盐才是最好的调味料。即使与寿司饭一起食用，味道也很突出，在白肉鱼中有浓郁的味道。

流木叶鲽
从外观看和木叶鲽没有差别，但外观高雅却味道平平，竟然还不如寿司饭。

木叶鲽
鱼皮上的花纹不规则。

流木叶鲽
鱼皮上的圆形花纹分散分布。

资料

木叶鲽：栖息于从北海道南部以南海域到中国海东部。【蝶形目蝶科】
流木叶鲽：栖息于宫城县以及北陆以南的本州、四国和九州北部。【蝶形目蝶科】
季节：春季至夏季。
名称：因为眼睛隆起被叫作“目高蝶”，也因肉质甜美被叫作“甘手”。
食用：在冈山地区，油炸、做成生鱼片和烤盐，都是晚餐时的常用烹饪方法。西日本濑户内海的代表性鱼类之一。

栖息地很广，在东日本地区评价较低，但西日本评价较高

它经常在北海道南部和日本西部的浅水海域被发现。由于眼睛之间有一块板状的骨头，因此在日本被称为“目板鲽”。长期以来都据说有味道好和味道普通的两种类型，但近年来发现，味道不好的是另外一种鱼（流木叶鲽）。而木叶鲽这种鱼也被证明都是美味的。东京的货源来自三陆和关东，但价格非常便宜。另一方面，在濑户内海等地的西日本，这种鱼能受到周到的待遇。即使到了现在，从明石等西日本地区而来的这种鱼还是上等货。

狭鳞庸鲽

体形比日本榻榻米还大的北方鱼。

以前的寿司厨师常说："这不就是做肉松的鱼吗？"但是它具有优雅的甜味，难以舍弃。是让人想仔细慢慢品味的握寿司。

资料

分布在日本东北部以北的地方。【蝶形目鲽科】

季节：夏季。

名称："大鲽""MASUGAREI"。

食用：曾经，这种鲽鱼被叫作"鲆"，被嘲笑甚至被指责。但是在美国，对它的评价比鲆鱼更高。

美食家认可，清淡雅致的上等味道

由于产区位于北海道等北部地区，因此很难在产区以外看到它。狭鳞庸鲽是世界上最大的比目鱼之一，体长约 3 米。鲜度出奇地好，美食家兼作家的开高健对这种鱼大肆褒奖，赞叹它的美味。自古以来它都是以冷冻方式出货，作为"鱼肉松"的原料。如今，生鲜的食用方式又成为主流，它又成为寿司食材。鱼肉带有美丽的透明感，并且以优雅的味道而广为接受。

鲛鲽

第一次见到这种鱼的人会说它像块抹布。

即使是白身肉，但入口融化变甜。口感像金枪鱼大腹。尽管如此，它还是保留了鲽鱼特有的口感。

“鳍边肉”特有的浓厚质地。大量的脂肪带来的甘甜和美味。尽管肉质是白色的，但它的味道让人联想到肥美的鱼腹肉。搭配寿司饭也很好吃。

资料

分布于日本各地。【鲽形目鲽科】

季节：初夏至秋季。

名称：在日本三陆地区叫作“本田鲽”，新潟县有个不知由来的名字“TONBIHOCHI”。

食用：日本东北部等地区会用加工的鱼片炖煮、油炸或做成法式煎鱼，都非常美味。

除冲绳外遍布日本其余各地，但随着向北迁徙，体形会变得更大

鲛鲽遍布日本各地，但在日本北部更常见。鱼皮会产生大量黏液，粗糙如同鲨鱼皮。如果在渔港发现一个装有泥浆的容器，仔细查看，就会发现这种鱼。传说曾经有小学生附在气球上的一封信，15年后发现信件黏在这种鱼的黏液上。皮肤下面的纯白色肉看起来有些浑浊，是因为有均匀的脂肪混合分布。即使是普通的鲛鲽，也可以感受到如金枪鱼中腹的甜美味道。

乌鲽

过去被叫作银鲽，做成握寿司。

用骏河湾最南端捕获到的乌鲽做成的握寿司。它肉质口感适中，脂肪和甜味类似金枪鱼的中腹。不愧被称为白色的金枪鱼中腹，味道绝美。近海捕捞后立即用活缔法宰杀的乌鲽是高级食材。

如今，这种“鳍边肉”很受欢迎。富含丰富优质的脂肪，出人意料地回味无穷。

白肉鱼

资料

分布在骏河湾及日本海以北的海域。常见于鄂霍次克海和白令海。【鲽形目鲽科】

季节： 大多数都是冷冻的，因此没有特别的时令。

名称： 作为寿司食材时，会被叫作“银鲽”或“冬鲽”。

食用： 鱼片多以冷冻流通并在超市出售。鳍边肉是制作鱼片的副产品。

以前因为油脂太多而被人敬而远之

主要广泛分布于北海道以北的鄂霍次克海、白令海和北美大陆沿岸的浅海至深海。它看起来像日本东北地区经常发现的亚洲箭齿鲽，但是身体更细。正如其名字暗示的一样，它拥有像乌鸦一样的黑色。日本产乌鲽很少，主要从加拿大、阿拉斯加、格陵兰等地进口。它曾经在北太平洋被大量捕捞，并用作生产罐头和加工品。皮肤下分布全身的脂肪，一旦加热就会融化。

亚洲箭齿鲽

全身都富含脂肪，曾是制作鱼油的原料。

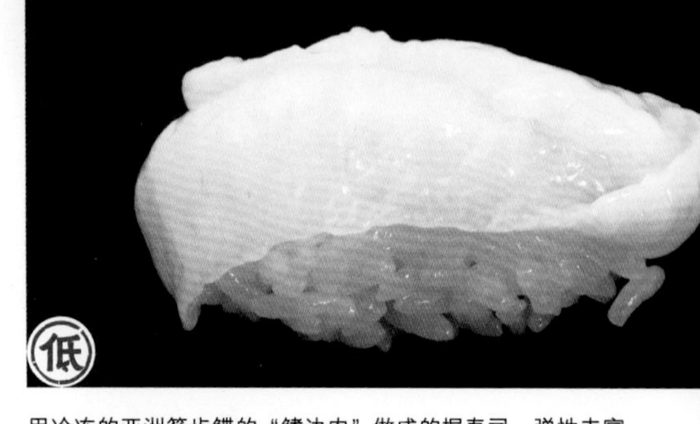

用冷冻的亚洲箭齿鲽的“鳍边肉”做成的握寿司。弹性丰富的美妙口感，甜美的油脂从肌肉束中渗出。是具有浓郁鲜味和强烈冲击力的握寿司。

资料

分布在日本东北部以北。【鲽形目鲽科】

季节：从初夏到秋天。

名称：“冬鲽”。

食用：鱼肉和鱼骨容易分离，并且没有小骨头。用漂亮的白肉做成的鱼排很受欢迎，同样，炸鱼排也广受好评。

在鳍边肉中排名第二，但差异只有专业人士才能分辨

当北太平洋渔业蓬勃发展的时期，捕获了大量的亚洲箭齿鲽，它不仅用作食材，还用来制作鱼油，因此得到了标准日本名“油鲽”。即使到现在，它也被大量的冷冻进口，尽管日本国产的产量也不少。早期，作为寿司食材的鳍边肉主要用的是鸟鲽，但是由于鸟鲽产量减少后价格激增，作为替代品的亚洲箭齿鲽才登场，但现在已成为“鳍边肉”的主流。在回转寿司店因为油脂丰富味道鲜美而大受欢迎。

如何区分鲆鱼和鲽鱼

当鱼身黑色部分朝上并且头部朝向您时，眼睛位于左侧的是鲆鱼，眼睛位于右侧的是鲽鱼。

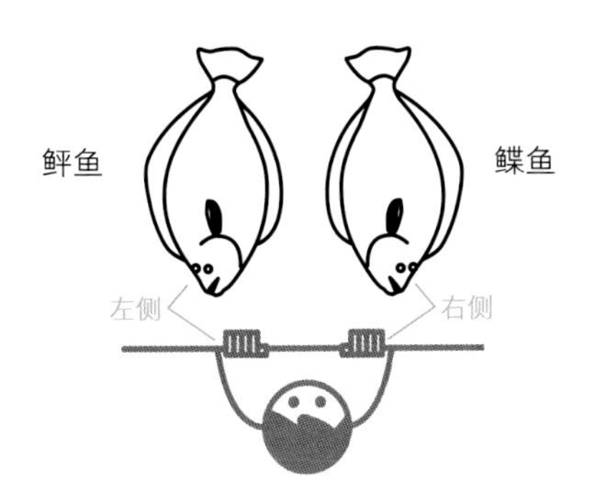

什么是“鳍边肉”？

摆动鱼鳍的肌肉称为鳍肌肉，所有的鱼都有鳍肌肉，鱼鳍移动越多，鳍肌肉越发达。

鲽鱼和鲆鱼的“鳍边肉”非常有名，是因为它们的背鳍到臀鳍的长度非常长，所以牵动这些鱼鳍的鳍肌肉也就非常长。而且鳍肌肉为了发挥推动鱼迅速移动的力量，因此异常发达。比目鱼类的鱼都有很长的“鳍边肉”，“鳍边肉”可以取得正反两面（正确的是左右两边）的2对，共4枚。

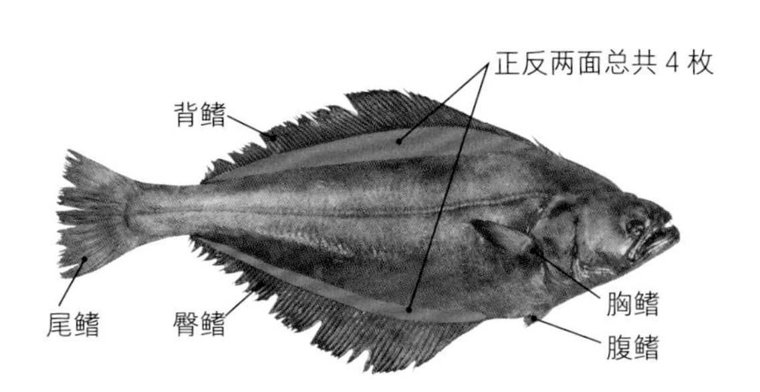

白肉鱼

鰤鱼

据说是冬天的鱼，有季节的味道。

油脂丰富到酱油无法附着在鱼肉上。可以使用山葵调味，但很多人更喜欢用萝卜泥和橙醋调味。在浓郁甜味的脂肪中，可以感受到它的美味。

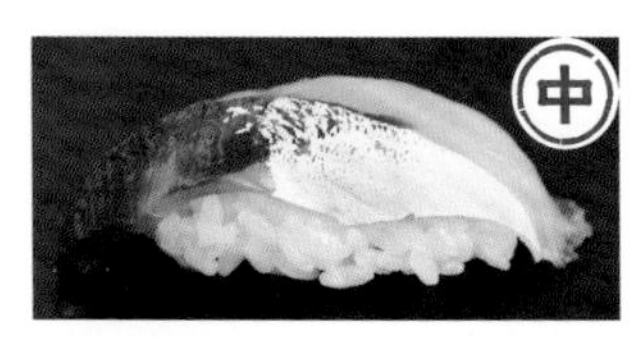

盛夏在相模湾小田原捕获的“INADA”。酸度适中、鲜味浓郁，而且吃完残留口中的味道也余味无穷。

资料

分布在日本除冲绳以外的所有地区。【鲈形目鲹科】

季节：秋季到冬季。

名称：出世鱼。在关东地区，根据成长阶段从小到大依次叫作“WAKASHI”“INADA”、“WARASA”“BURI”。

食用：在寒冷季节，寿司店的菜单里会有“鰤鱼萝卜”这道菜，时令的萝卜和鰤鱼一起炖煮到连鱼骨都会酥软，是合理利用食材，连鱼骨都不浪费的做法。

食用野生鰤鱼才能感受到季节之美

它出生于早春的南部地区，随着移动的藻类向北迁徙。在春末，它成长为约 20 厘米，被日本关东地区称为“WAKASHI”，并在夏天成为“INADA”，次年长成“WARASA”，并在几年内达到重约 10 千克的“BURI”。通常会用“INADA”这个阶段的鱼作为寿司食材。在日本关西地区，它被称为“HAMACHI”，脂肪含量虽然有些差强人意，但是从这种体形开始，鲜味会大增，价格也合理。温度下降的秋冬季，鰤鱼异常出色，美味物超所值。

黄鲣子

看起来像鰤鱼，但与鰤鱼的季节相反，从夏至秋。

当将其放入嘴中时，它具有洄游鱼类特有的适当酸度，可以感受到清爽的夏天。鲜味绰绰有余，脂肪适中。只吃一贯寿司怎么能满足？还想再多吃几贯。

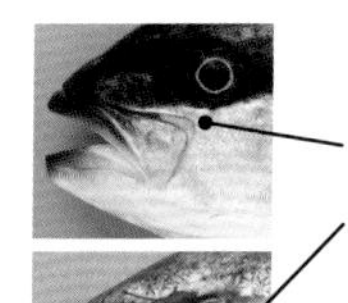

如何区分鰤鱼和黄鲣子
主上颌骨的后缘上方：
圆角的是鰤鱼
棱角的是黄鲣子

资料

分布于北海道南部以南。【鲈形目鲹科】

季节： 夏季至秋季。

名称：“HIRASO”“HIRASU”。

食用： 黄鲣子可以作为“渔夫的勋章”。山阴县、房总半岛和伊豆群岛的垂钓旅馆的特色菜，是将鱼切成大块做成刺身。与鰤鱼不一样，吃再多也不会腻。

白肉鱼

比鰤鱼更喜欢温暖海域，夏季开始为最佳时令的流线型鱼

与北海道鄂霍次克海中捕获的大量鰤鱼相反，黄鲣子可以在北海道南部以南的温暖水域中被大量捕捞。寒冷的季节是鰤鱼的最佳时令，而黄鲣子的时令是温暖的季节。这种鱼受到垂钓者的厚爱，鱼类交易市场主要称其为“MASA”。当夏天到来，鰤鱼的味道逐渐不好时，在鱼类交易市场采购黄鲣子的行家总会让人刮目相看。著名的产地是山阴和三陆。在以食用白肉鱼为主的夏天，这种有味道的鱼让寿司食材更加丰富。

红甘

脂肪丰富，味道高雅。

由于是人工养殖，脂肪遍布全身，肉质看起来有些偏白。只要将其放入口中，就能感受到鱼肉的美味，令人愉悦。是容易体会到鱼肉的美味、适合所有人口味的鱼。

初上市的体长约20厘米的小型红甘叫作“Shioko”。虽然体形很小，但是它有很好的脂肪含量和鲜味。放入口中，在舌尖上就能感受到秋天，禁不住这种美味的诱惑。

资料

分布在日本南部。【鲈形目鲹科】

季节：秋季至冬季。

名称：体形较小的是红色，较大的是红褐色，所以日语称为“赤”或“赤平”。

食用：在岛根县，鱼肉切块做成寿喜烧。这也是重量级的美味。

鰤鱼类中最大的一种，在热带地区也可以找到

到温暖海域中，以小型鱼类为食，体长超过两米的大型食肉鱼类。这种鱼在也是在不同生长阶段会被赋予不同的名字的“出世鱼”，在日本高知县，幼鱼叫“赤”，稍长的叫作“SHIO”，中型鱼是“NEIRI”，大型鱼是“GATA”。在关日本东地区，以秋天在外房地区捕获到的小型“SHIOKO”最为珍贵。此外，伊豆群岛、和歌山、四国、九州都是野生红甘的产地。从初夏到夏季都可以捕获到手掌大小的红甘，到了秋天，中型和大型的红甘就上市了。

大竹荚鱼

野生的大竹荚鱼极为罕见，但即使是人工养殖的，也是高档鱼。

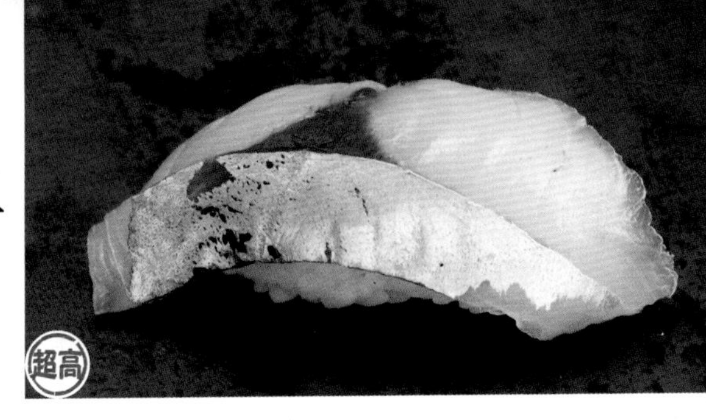

野生的大竹荚鱼散发出隐隐约约的香味。它具有令人愉悦的口感和竹荚鱼类特有的的浓郁鲜味。没有其他握寿司能够达到如此美妙的口味和香气的平衡。

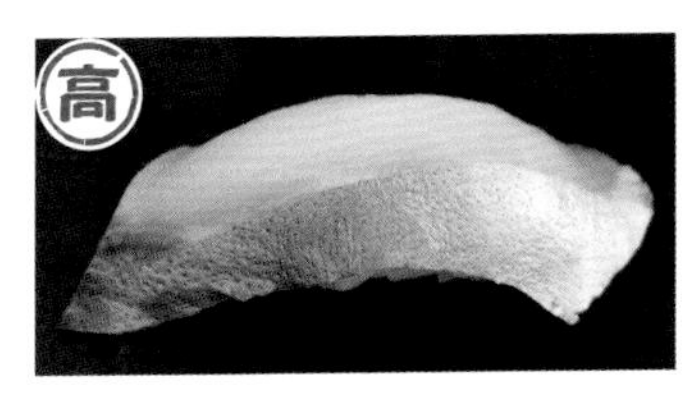

养殖鱼类中最淡雅的味道。适度的酸味加上鱼的滋味，带来十二分的满足感。

资料

分布在日本东北部以南。【鲈形目鲹科】

季节： 春季至秋季。

名称： 伊豆群岛可以大量捕获。当地特大的鱼叫作“OOKAMI”。

食用： 鱼类交易市场的老人有“盐烤大竹荚鱼”的说法，意思是说大竹荚鱼如果用盐烤就太浪费了，也就是说不要暴殄天物。

鱼类交易市场终年都不会降价的超豪华鱼类

关东以南的温暖海域盛产的超高级鱼类。它在日语中通常会被写为“缟鲹”，但这个词其实指的是竹荚鱼幼鱼的复数，其实并不适合该鱼。准确地说，因为该鱼在伊豆群岛被大量捕获，所以被称为“岛鲹”，是垂钓者都希望能钓到的鱼。这种鱼的超大型鱼被称为“OOKAMI”，也是渔民心目中最高级的渔获。对于寿司厨师来说，体形较小比体形较大的更受欢迎，尤其是体长约 60 厘米的。这种鱼的人工养殖也很兴盛。

真鲷

“花中樱为王，鱼中鲷为尊”，但令人意外的是，真鲷只是寿司食材中的配角。

日本明石市产的，不足 1 千克的鲷鱼，经活缔法处理。在热水中汆烫后立刻过冰水的带皮鱼肉，做成“皮霜”。这是鲷鱼用作寿司食材的经典做法，可以感受到鱼肉淡淡的甘甜和野生鱼独特的味道，以及丰富油脂带来的后味。多种口味合融合在一贯寿司之中。

从养殖场直接出货的活鱼。这些鱼在成列在鱼类交易市场前被宰杀。脂肪的甜味、浓郁的鲜味以及富有嚼劲的结实口感，无论哪一方面都很出色。但是不要觉得鲷鱼鲜美的味道仅此而已。

资料

从日本北海道南部以南到中国东海。【鲈形目丽鱼科】

季节： 秋季至春季。

名称： 春天樱花季节的是“樱花鲷”，从初夏到夏季的是“麦秆鲷”，味道下降很明显。

食用： 中等大小的鲷鱼是最好的。长期以来，从眼睛开始量起长约 30 厘米、体重 1～2 千克的，就很美味，3 千克左右的真鲷也很美味。
※ 用鲷鱼的幼鱼“春日子”做成寿司，请参阅 P70。

南北狭长的日本列岛，终年都可以品尝到美味的鲷鱼

从日本北海道到中国南海，鲷鱼有广阔的栖息地。自古以来，就有“鲷为上、鲤为下”之说，说明鲷鱼比鲤鱼尊贵，在婚礼等庆祝活动和新年庆典上都是必不可少的。除了产卵后的夏天外，在其余季节它的味道都很好。德岛县鸣门市和兵库县明石市的鲷鱼非常有名，从古代开始就这些产地来命名鲷鱼。真鲷的风味会根据捕获后的处理方式而差别很大。最上等的鲷鱼是在濑户内海海钓捕获，在鱼笼中养一段时间后再宰杀的，是顶级的寿司食材。

血鲷

惹人怜爱的外表让人不禁联想起公主。

习惯了养殖真鲷的味蕾，可能会对血鲷的平淡口感不满意。但细细品味之后就能感受到透过鼻腔从鱼皮散发出的独特风味，而甜味和鲜味随后而至，最后是优雅的余味。

资料

分布于北海道南部以南。【鲈形目丽鱼科】

季节：春季至秋季。

名称：关东地区附近叫“花鲷”，因为比真鲷体形小，所以也叫作“小鲷”。

食用：在过去，用于婚礼等喜庆场合的鲷鱼是用盐烤的。将水分略多的血鲷烤制后放入盒中，冷了之后也好吃。

真鲷风味下降的夏天，血鲷还是一样美味

从北海道到九州，血鲷的栖息地与真鲷重叠。比真鲷体形小，栖息在浅水海域。幼鱼背鳍伸展得笔直，非常漂亮。但是长大后，雄性血鲷的前额会突出，显得更庄严。产卵季节从夏季到秋季，比真鲷的产卵季节晚。在关东地区，它作为垂钓鱼非常受欢迎，甚至有专门捕获这种鱼的海钓船。尽管血鲷是高级鱼类，但由于肉质中水分较多且鲜味平淡，所以比真鲷价格便宜。除了做成生鱼片外，它还经常被烤来食用。

黄鲷

在西日本更常被用作寿司食材。

带鱼皮的鱼肉炙烤后做成的握寿司。炙烤鱼皮带出的香味和甜味，弥补了味道上鱼肉体内水分稍多的清淡口感。寿司厨师的创意和才华可以在这种握寿司中完美展现。

用黄鲷凸起的前额处“deko”做成的握寿司。在油脂丰富的季节，它的肉质甘甜，让人喜欢又回味。

资料

分布于本州中部以南、中国东海等地区。【鲈形目丽鱼科】

季节：主要是春季和秋季，但全年美味。

名称：过去，日语“SHIBA”是“小”的意思，所以这种鱼被叫作“SHIBA”或者“SHIBA 鲷”。

食用：鱼肉做成泥，可以最好地感受到黄鲷的美味。在岛根县，各种各样的鱼都被用来制作鱼糕，其中最美味的就是黄鲷鱼糕。

它通过海底拖网等方式捕捞，在鲷鱼类中相对大众

比真鲷更喜欢生活在偏南部的更深水域，从山阴县开始在西日本都很常见。与真鲷和血鲷略有不同，黄鲷体形更小，有两个产卵季节，分别是春季和秋季。所以这种鱼的时令很长，除了产卵后的时节都合适。在真鲷等鱼风味下降的时候，它的存在格外宝贵。过去，黄鲷在中国东海海域用海底拖网的方式被大量捕捞，并且被加工成不同产品，是很大众化的鱼类。

黑鲷

漂亮的鱼肉隐藏在黑色的鱼皮之下。

在兵库县明石市捕获的“以海藻为食的黑鲷幼鱼”，在鱼笼中养一段时间后再宰杀，做成的握寿司。寿司饭上是隆起的黑鲷鱼肉。生鲜鱼肉的浓郁甜味，充满弹性的嚼劲和令人愉悦的口感，这是享用美食的幸福的味道。

由于鱼皮的颜色是银黑色，所以火稍微炙烤鱼皮而不是用热水氽烫，更能享受到鱼皮的香气和味道。鱼肉软硬适中，非常适合与寿司饭搭配。虽然搭配酱油也很不错，但是与柑橘类和盐一起食用味道更佳。

资料

分布于从北海道南部以南到中国台湾地区。【鲈形目丽鱼科】

季节： 从夏季到次年早春。

名称： 在关东地区是出世鱼。幼鱼都是雄性，所以叫“CHINCHIN”，长到约 30 厘米就叫作“KAIZU”，超过 30 厘米的才成为“黑鲷”。

食用： 日本千叶县都在秋季钓黑鲷幼鱼，然后做成正月的什锦汤的高汤。

从江户时代到冰箱出现前，是夏季的超豪华鱼种

黑鲷栖息在内湾的礁岩区以及河流的入海口等盐分较少的水域。它是杂食性鱼类，除了虾、蟹和贝类外，还吃海藻和西瓜。在关东地区，黑鲷的名称随生长周期而变化，从幼鱼到成鱼分别叫作“CHIN”或者“CHINCHIN”“KAIZU”以及“黑鲷”。它之所以有这些昵称，是因为它的幼鱼都是雄性，长大后才会变为雌性。捕获后立即宰杀，味道并不好，还是用活缔法处理过的鱼肉才更美味。

黄鳍鲷

代表西日本夏季的鱼类。

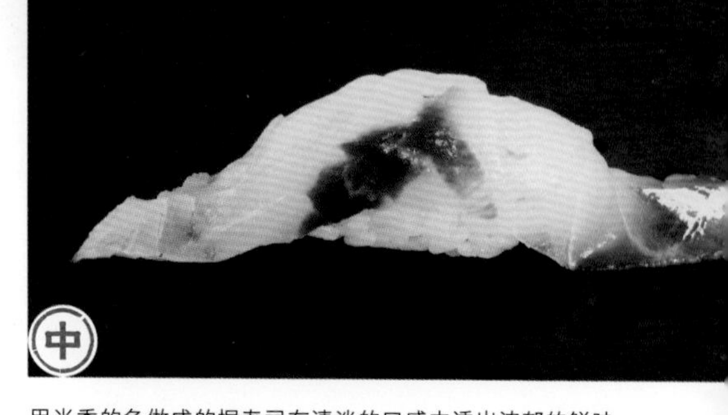

用当季的鱼做成的握寿司在清淡的口感中透出浓郁的鲜味，并且能感到适度的甜味。余味也很美味，即使放在有竞争力的其他美味寿司食材之间，也不会黯然失色。

兵库县明石市用活缔法处理过的黄鳍鲷，鱼皮被轻微炙烤后做成的握寿司。可以与酱油一起食用，也可以搭配醋橘等柑橘类水果和盐一起食用。

资料

分布在日本南部、澳大利亚和非洲东海岸等地。【鲈形目丽鱼科】

季节： 春季至夏季。

名称： 在日本三重县尾濑市，因为它和黑鲷长得很像，被叫作“NITARI”。如果是在河川捕捞的，就叫作“川鲷”。

食用： 越靠近日本南部，黑鲷越少，所以这种鱼就成为主要角色。用整条鱼做成的日式什锦饭味道绝美。

它是伊豆半岛以西的一种鱼，但其栖息地不断向东扩展

这种鱼在西日本比东日本更常见。黄鳍鲷自古以来就在伊豆半岛以西的地区被食用。它通常在内湾被发现，一直延伸到河流的入海口。尽管是黑鲷的同类，但是它的鱼皮是银色的，鱼鳍的尖端是金色的。这种鱼不仅外观好看，吃起来也非常美味，所以在西日本被大量捕获，做成生鱼片或火锅料，频频出现在餐桌上，也逐渐变成寿司食材。梅雨结束后，白肉鱼即将从市场上消失，便宜又美味的就属黄鳍鲷了。

黄锡鲷

栖息在近海的水域，没有任何腥臭味。

体形较大的更美味。它具有美丽的血合肉，作为白肉鱼的寿司食材拥有最上等的美味。皮下和腹部都含有油脂，甘甜而且鲜味浓郁。

资料

分布在千叶县、印度和澳大利亚南部。【鲈形目丽鱼科】

季节： 秋季至冬季。

名称： 因为鱼肉的颜色稍稍有些泛白，所以在日本静冈县被叫作“白鲷”。又因为多活动于海潮涌动较快的浅滩附近，在日本宫崎县被叫作“濑鲷”。

食用： 在九州、山阴等地通过固定渔网大量捕获，常用于火锅中。

栖息在近海的水域，没有任何的腥臭味

黄锡鲷身体颜色与其说是黑色，不如说是银白色。钓上来的时候会闪闪发光，因为这样的外观又被叫作“白鲷”。它的日本名“平鲷”源于其嘴角形状，如同日语中的“平”字，看起来喜怒无常。和黑鲷、血鲷等栖息在内湾或者河川入海口地方的鱼不一样，黄锡鲷栖息在近海的水域，所以没有任何腥臭味。所以渔民喜爱这种鲷胜过真鲷。由于在汤中味道也很好，因此在山阴县被做成鱼寿喜烧火锅。

长尾浜鲷

冲绳三大高级鱼之一。

据说深海鱼油脂都很高，长尾浜鲷就是一个典型的例子。甘甜的脂肪均匀地分散在鱼肉中，具有浓郁的鲜味，富有嚼劲的美味口感。与寿司饭搭配，味道出类拔萃。

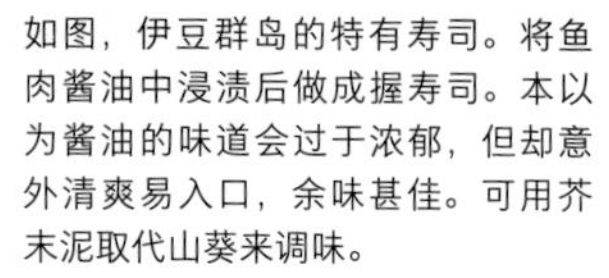

如图，伊豆群岛的特有寿司。将鱼肉酱油中浸渍后做成握寿司。本以为酱油的味道会过于浓郁，但却意外清爽易入口，余味甚佳。可用芥末泥取代山葵来调味。

资料

分布在日本南部。【鲈形目笛鲷科】

季节： 春季至夏季。

名称： 在日本通常都被叫作“尾长”。在冲绳地区则被叫作“AKAMACHI”。

食用： 其实，它是代表东京都的鱼，产于伊豆群岛和小笠原群岛，自古以来一直被誉为高级鱼类。

产地是东京和鹿儿岛，是冲绳三大高级鱼类之一

它是栖息于温暖的深海海域的鱼类，冲绳、鹿儿岛、东京和其他纬度较低地区的海域也都是它的产地。在冲绳，它与东星斑和青衣鱼，并称为冲绳三大高级鱼。新鲜的长尾浜鲷从小笠原群岛捕捞后被送达东京，无论是价格还是味道都位居前列。因为通常切片后销售，所以较少为人所熟悉。

姬鲷

代表现代江户前、即东京的鱼类。

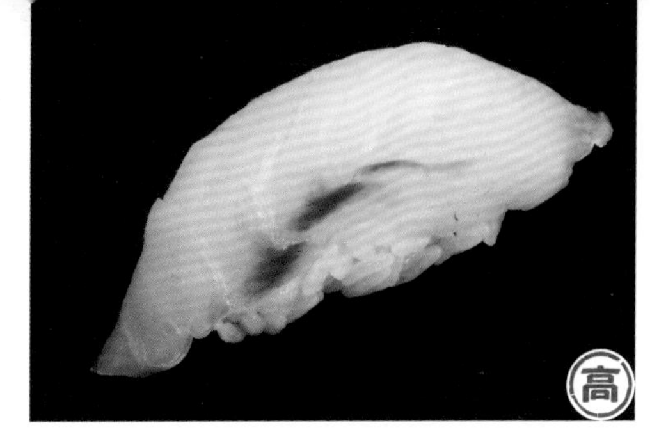

这种鱼的味道并非不好，但有的人会觉得太清淡而鲜味不够。但是一旦置于其他味道浓郁的寿司食材之间，会觉得它出奇的好吃，是寿司食材中著名的配角。

资料

分布在日本南部。【鲈形目笛鲷科】

季节：春季至夏季。

名称：东京叫作“OGODAI”，鹿儿岛县叫作“HOTA”。

食用：东京最高级的白肉鱼之一。因其味道的雅致而多被用于高级餐厅。

朴素、不花哨，内行都喜爱的鱼

栖息在比较温暖的海域到热带地区的深海里。它的身体颜色没有那么鲜红，细长的身体大约 50 厘米，标准日本名中带有“鲷”字，但却是鲷鱼类的变种。在所有姬鲷类的鱼中，这种鱼栖息在日本最北的地区。冲绳和鹿儿岛县都能捕获到这种鱼，但最大的产区是在东京附近的群岛。第二次世界大战后，由于白肉鱼比红肉鱼更受青睐，直到日本昭和年代，姬鲷都是鱼类交易市场中最昂贵的鱼之一，被做成握寿司，逐渐引起人们的关注。

星点笛鲷

随着夏天的临近，味道会越来越好。

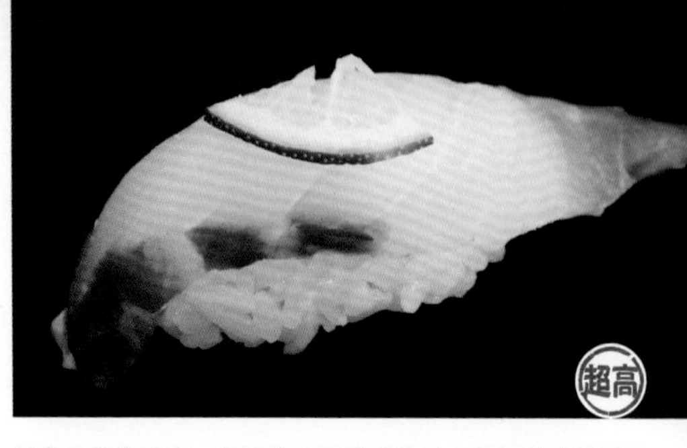

从鹿儿岛空运来，用活缔法处理过的星点笛鲷做成的握寿司。鱼肉一切下去就会弹回来，极有韧性，在寿司饭中慢慢延展开。具有强烈的嚼劲和甘甜的口感，浓郁的鲜味让味蕾愉悦。使用柑橘类水果和盐调味，更能感受鱼肉的美味。

资料

分布在日本南部、小笠原。【鲈形目笛鲷科】

季节：春季至夏季。

名称：冲绳叫“IKUNA”、鹿儿岛叫“SHIBUDAI”。

食用：做成生鱼片的味道是天下第一美味，但最推荐的是用它做成的“味噌汤”，出乎意料地好吃。

日本九州和冲绳的典型夏季鱼类

一种生活在亚热带和热带地区浅水区的中型鱼。名为叫“笛鲷”是因为嘴像在吹笛子一样。笛鲷类是种类最多的鱼类，星点笛鲷是其中的代表。虽然外表平平无奇，但在白肉鱼中味道出众。是鹿儿岛县和冲绳县高级鱼的代表，即使在关东等地区，由于进货量稀少所以价格高昂。肉质通常是透明的，但从春季开始到夏季，由于脂肪增多而显得白色浑浊，切成生鱼后，请尽情享用美味吧。

龙占

可以在东京湾捕捞到的，具有广泛栖息地的鱼。

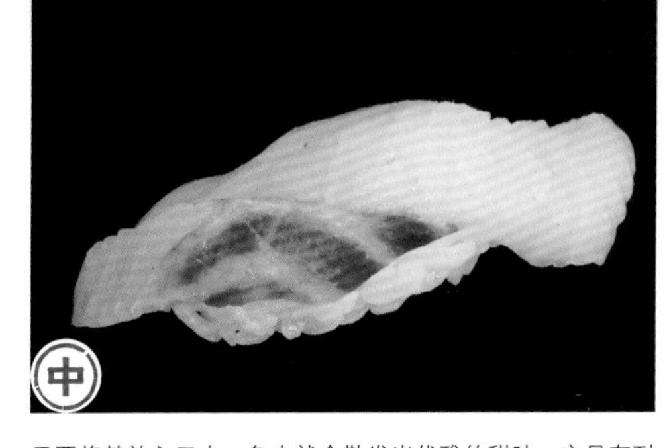

只要将其放入口中，鱼肉就会散发出优雅的甜味。它具有耐嚼且结实的口感，咀嚼得越多，就越能感受到鱼肉中渗出的鲜味。适合搭配寿司饭，龙占的白肉会散发出浓郁的味道。

资料

分布在日本南部。【鲈形目龙占鱼科】

季节：在冲绳地区，是从夏季至次年春季，而日本本州则是从春季至夏季。

名称：因为嘴里面是红色的，所以叫作“火口”，冲绳叫作“TAMAN”。

食用：在日本冲绳，和阿氏龙占鱼（KUCHINAZI）会经常出现在餐厅。带皮生鱼片，或者做成味噌汤，是这种鱼的标准吃法。

据说是冲绳的三大高级鱼类之一，但说法不一

栖息在浅珊瑚礁和多岩石的海域，在从热带地区到外房（千叶县东南部和房总半岛的太平洋地区）的大部分地区都被广泛食用，属于龙占鱼科。它的日本名是“浜”，在古代日本曾经表示“大”的意思。龙占是体长超过一米的大型鱼。尽管冲绳的三大高级鱼是长尾浜鲷、东星斑和青衣鱼，但有些人也用龙占挤掉青衣鱼，认为它才是三大顶级鱼之一。龙占的味道鲜美且价格合理，大概就是它受欢迎的秘密。

条石鲷

作为海岸礁岩区的王者，价格惊人。

用体形较小的条石鲷做的握寿司。条石鲷体形虽小，但是鲜味浓郁，并有耐嚼的口感。和寿司饭搭配味道很棒。

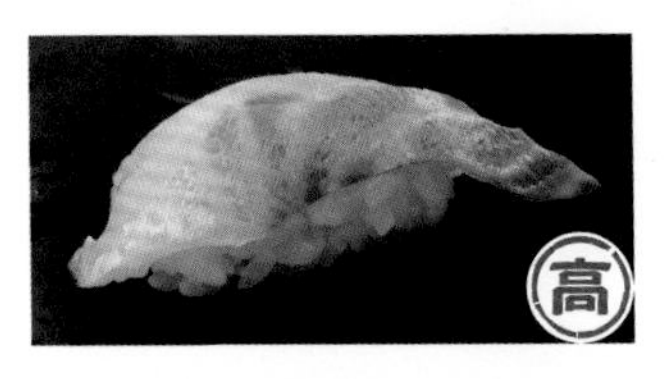

成鱼的嘴周围是黑色的，用它做成的握寿司，血合肉鲜红偏亮。吃在口中有浓郁的鲜味和丰富的层次感，并能品尝出礁岩鱼的特有的风味。这是种令人上瘾的味道。

白肉鱼

资料

遍布日本各地。【鲈形目石鲷科】

季节：秋天至初夏。

名称：体形较小的条石鲷在日本被称为“三番叟”。

食用：在产地，一般都连着鱼鳞和肉一起蒸制，然后再烘烤食用。

海岸礁岩区捕获的高级鱼

幼鱼的时候，身上的黑色的条纹（参见本书结尾的“寿司用语”）清晰可见，由于这种条纹类似于日本歌舞伎中的三番叟角色带的黑帽子，因此也被叫作“三番叟”。当它长大后，条纹消失，并且嘴部变黑，就被称为“口黑”。即使是幼鱼也非常美味，是口感相当好的白肉，很多的寿司厨师都喜欢用它做握寿司。滋味之美自然不用多说，只是价格会因时令而变。

斑石鲷

肉质充满透明感的漂亮白肉。

约 1 千克的富含脂肪的斑石鲷做的握寿司，具有耐嚼的令人愉悦的口感、甜美的脂肪和浓郁的鲜味。它肉质软硬适中，适合搭配寿司饭。

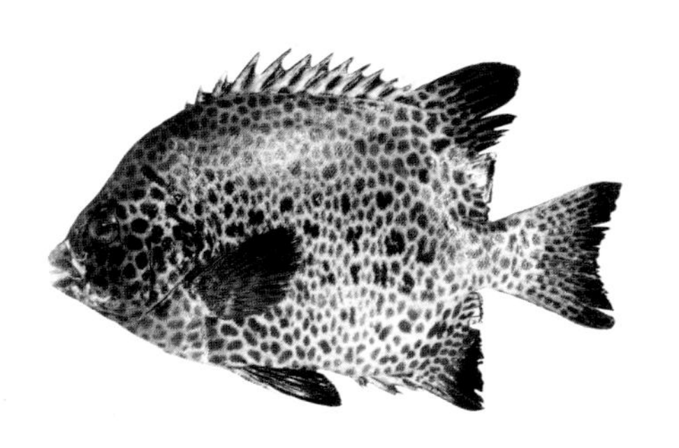

资料

分布在本州中部以南。【鲈形目石鲷科】

季节：深秋至次年夏季。

名称：长大至成鱼时，嘴部随之变白，因此日语中被称为“口白”。

食用：像河豚一样切成薄的生鱼片，非常美味。

与条石鲷一起，在鱼类交易市场被叫作“石头”

栖息于相对温暖水域中的浅礁区，用坚硬的牙齿及颌骨，咬碎海胆为食。在四国、九州和冲绳等地区，斑石鲷被经常切成薄的生鱼片食用，但由于它是高级鱼类，所以不可能每天都能享用到。斑石鲷具有浓郁的口感、鲜味和甜味，是寿司中不可或缺的重要食材。

甘鲷

很少有机会能够亲眼看到的高级鱼。

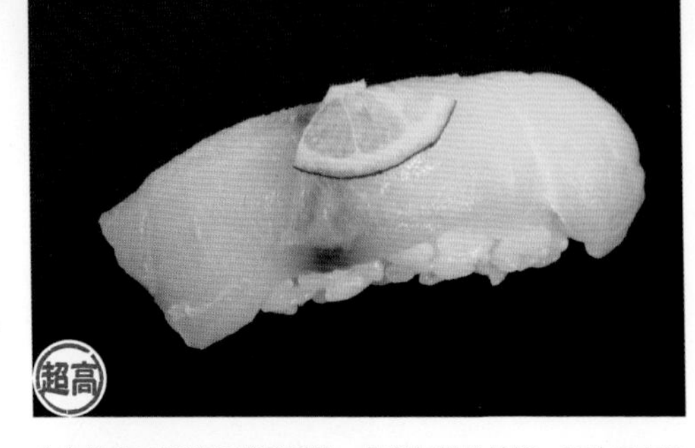

在岛根县石见地区捕获到的，非常新鲜的甘鲷，切片后直接做成的握寿司，鱼肉非常甜美，软硬程度与寿司饭搭配得恰到好处，吃过就会上瘾。

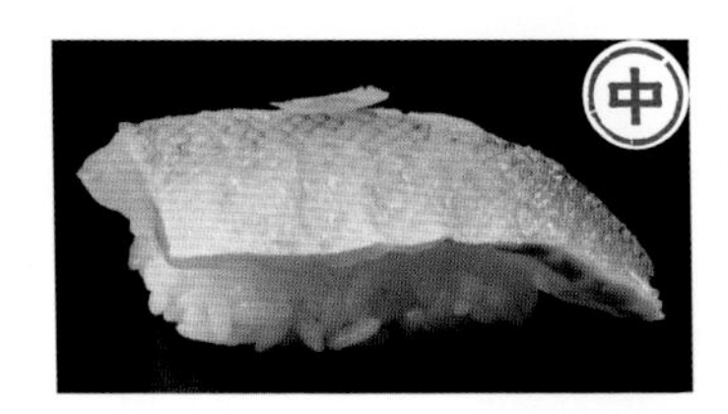

手掌宽的小条红甘鲷，连着皮的鱼肉在热水中汆烫后马上过冰水（“皮霜”处理法），做成的握寿司。香甜的鱼皮有着令人着迷的味道。

资料

从日本本州中部以南到中国南海都有分布。【鲈形目方头鱼科科】

季节： 秋季至冬季。

名称： 在京都和大阪叫作“GUJI”，而且这个名字是众所周知的。

食用： 肉质非常细嫩，很不容易切下。如果甘鲷在海边就下刀剖开，撒上盐送往京都的，就叫作“若狭 GUJI”。

在日本关东地区，这种连猫都嫌弃的鱼现在居然成为宝贵的寿司食材

在稍深水域的沙地区域挖洞栖息，然后以洞穴附近游动的生物为食，是种性情懒惰的鱼。也许正因为如此，甘鲷的肉质柔软松弛，如果粗暴地拉扯鱼鳞，鱼肉也会顺带散落。处理这种鱼又难又废精力，日本有些地方甚至把它叫作“屑鱼”。由于京都名菜“若狭烧”的普及，甘鲷跻身成为最昂贵的鱼之一。如今，甘鲷比真鲷贵两三倍，也是很常见的事。用海带腌制过的鱼肉和直接用甘鲷的生鱼片做成的握寿司比起来，有不一样的风味。

日本栉鲳

江户前留存至今的平价寿司食材。

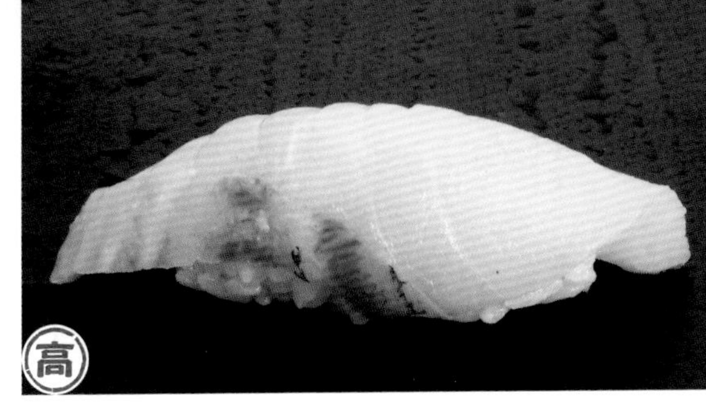

用在岛根县捕捞的大型栉鲳的鱼腹部分制作的握寿司。入口后有如金枪鱼腹肉的口感，并且质地耐嚼，舌尖就可以感受到鱼肉散发的鲜味，与寿司饭搭配相得益彰。

中型的日本栉鲳用海带腌制后做成的握寿司。清淡雅致的口感和海带相辅相成，在嘴中化为美味。非常适合搭配寿司饭。

资料

分布于日本南部、小笠原。【鲈形目长鲳科】

季节：秋季至冬季。

名称：因为这种鱼眼睛很大，所以被叫作“目太”，也因为矮胖被叫作“达摩”。

食用：通常用西京味噌腌制、用做火锅料或做成法式煎鱼。生鱼片或者用海带腌制后也很美味，是适合多种不同菜肴的万能鱼。

自古以来就一直被食用的江户前的鱼

栖息于日本本州到九州的近海海域，体长约1米的大型鱼，朴实、不花哨，身体会释放出大量黏液，因此它绝对称不上是好看的鱼。眼睛很大是它的特征之一，这是由于它栖息于深海中。在日本江户方言中，它被称为“目太”，在东京是著名的熟食用鱼，用它炖煮做成的料理非常受欢迎。另一方面，在关西西部，因为有便宜而味道相似的进口鱼，所以不太受欢迎。典型的产地是日本的山阴、长崎、高知和鹿儿岛等。

刺鲳

通常以剖开后的鱼肉做成的鱼干而闻名，鲜鱼是高级品。

把带皮的鱼肉用醋腌渍后做成的握寿司。可以感觉到醇厚的甜味和脂肪的丰富，与寿司饭一起食用鲜美无比。吃后余味在嘴中萦绕，即使在吃过其他味道强烈的寿司后再食用，味道也不错。

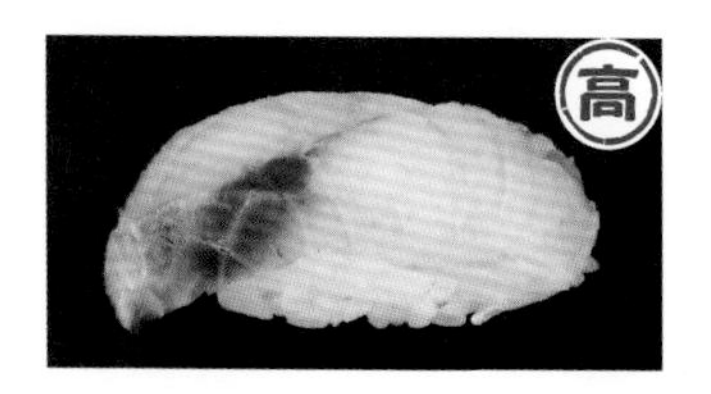

鲜鱼现宰立即做成的握寿司，已经很难从鱼肉辨别是哪种鱼。脂肪散布在全身，几乎没有酸味，而且味道很圆润。

资料

栖息于日本东北部以南及中国东海。【鲈形目长鲳科】

季节：秋季至夏季。

名称："IBODAI"（"疣鲷"）是这种鱼在东京的叫法，但实际上发音为"EBODAI"。

食用：出于某种原因，德岛县的居民非常喜欢这种鱼，以至于根本离不开它。

江户时代开始就广为熟知的一种鱼，主要产地是日本西部

这种鱼在日本东北部以南的较深的海域被发现，但刺鲳的主要产地是九州和中国东海。由于它的新鲜度下降特别快，因此通常是被做成加工品，尤其是剖开后做成鱼干。这种鱼干以其味美而闻名，但价格非常昂贵。随着刺鲳的日益流行，与它类似的鱼从世界各地被进口至日本。生食刺鲳，通常是在西日本才有的习惯，特别是在濑户内海附近。德岛县等地的超市货架上经常可以看到用这种鱼做成的生鱼片。刺鲳用醋腌渍后也是一流的美味。

千年鲷

在日本本州，是千年才会出现一次的美味。

血合肉新鲜并且呈现鲜红色，切开的鱼身表面能看见乳白色的脂肪。这种脂肪黏稠甘甜、口感软硬适中，和寿司饭搭配食用可以感受到浓郁的鲜味。是热带地区能品尝到的最美味的握寿司。

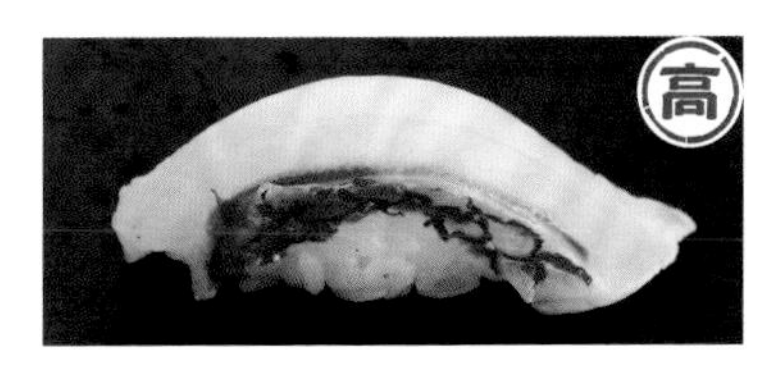

这种鱼的鱼皮稍微有点硬。采用冲绳当地的做法，用连着鱼皮的鱼肉直接做成握寿司虽然也很好吃，但不是特别适合搭配寿司饭。所以将连皮的鱼肉在热水中汆烫后马上过冰水，做成握寿司，会让寿司的味道倍增。

资料

分布在日本南部。【鲈形目笛鲷科】
季节：春季至初夏。
名称：日本冲绳县称其为“SANBANAA”。
食用：在我看来，这种大型鱼是热带地区最美味的鱼，真的是千年才出现一次的美味。

肉质紧实并且鲜味十足，是热带鱼中最美味的鱼

主要栖息在热带海域的珊瑚礁中，体长 1 米以上的大型鱼类。它在日本的四国以及和歌山县等地很难被捕捞到，尤其是在和歌山更是非常罕见，因为它“一千年才能被捕获到一次”，所以被称为“千年鲷”。在鹿儿岛县、冲绳、小笠原等产地是超高级鱼。由于鱼身呈红色以及吉祥的名字，当有家族聚会或者庆祝活动时，人们就会购买这种鱼，是种令人印象深刻的场面。

月鱼

“超级”花哨的一种鱼，其生鱼片可以乔装成其他的鱼？

用鱼腹部靠近中骨部分的鱼肉做成的握寿司。根据寿司厨师的经验判断，相应的涂上烹饪过的日本料酒。它看起来像金枪鱼，但是相比之下，鲜度和偏白鱼肉的酸度都较弱。肉质细腻，用作寿司食材味道不错。

资料

分布于世界各地的温暖水域。【月鱼目月鱼科】

季节：整年都有。

名称：因为它的身形类似“翻车鱼”被叫作“翻车”（“MANBO”），又因为它让人议论纷纷的花哨外貌，所以也叫作“万鲷”。

食用：鱼片看起来像金枪鱼，但吃起来又不像金枪鱼。看起来像旗鱼，但吃起来又不是旗鱼。在产地的常见吃法是用黄油烤，或者做成生鱼片。

主要在金枪鱼渔业区域被捕捞，外表很奇怪，口感却很普通

在世界温暖的水域中洄游，体长超过 2 米的大鱼。像翻车鱼一样，它们以水母和小虾为食，所以才被认为是和翻车鱼是同类。这种鱼用类似捕捞金枪鱼一样方法，通过延绳钓进行捕捞，通常产地是金枪鱼的渔区附近。有人会问“这种鱼的同类是什么鱼呢?”其实它的同类都是些奇形怪状的鱼，最具代表性的就是勒氏皇带鱼。

金时鲷

粗糙鱼皮下有着超级美味的白肉。

用大型鱼的背部做成的握寿司。没有任何异味的白肉，不仅可以与酱油以及山葵一起食用，也可以与“柚子胡椒”一起食用。外观漂亮、非常适合搭配寿司饭，是美味的握寿司。

手掌宽度大小的握寿司。它肉质甜味浓郁，有鲜味，口感良好。格调高雅且味道耐人寻味。挤一些柑橘类的果汁，或者搭配盐，都很不错。

资料

分布在日本南部。【鲈形目大眼鲷科】

季节：秋冬至冬季。

名称：这种鱼都被冠以勇猛武士的名字。

食用：无论是炖煮还是烧烤，做成任何菜肴都非常美味。

金时鲷华丽外表下是漂亮的白肉

栖息于相对温暖的浅水区域。由于是沿海捕获的，因此经常可以在关东地区的鱼类交易市场上看到它。由于数量少，因此尚未广为人知。大眼鲷科的鱼种类繁多，越往南走，作为食用鱼的重要性就越强。它最初是日本南部的一种鱼类，但是每年都将其栖息地不断向北部扩张。主要产地是青森县、千叶县、静冈县、纪伊半岛、四国和九州等。标准日语名把这种鱼比喻为穿红色衣服的金太郎。

细刺鱼

天生的寿司食材。

由于是小型鱼，用半侧的鱼肉只能做成一贯或两贯寿司。血合肉的红色和鱼肉的透明感让这种寿司食材非常漂亮。搭配寿司饭非常美味，是让人印象深刻的寿司。

资料

分布在茨城县及山阴县以南。【鲈形目舵鱼科】

季节：秋冬至冬季。

名称：美丽的黑色条纹类似于日本狂言表演者的服饰，因此被叫作“狂言”和“狂言戏服”。

食用：在海边捕获后，不去除鱼鳞，直接在篝火上烤制，烤成焦黑状的时候就变成了烘烤细刺鱼。纯白色的鱼肉有着令人惊讶的美味。

浅海礁岩区常见的鱼，通常会被当作杂鱼

在浅礁区常见的一种小鱼，日本关东以西的防波堤中就很容易钓到。并不会专门针对这种鱼进行捕捞，一般都是通过设置固定渔网与别的鱼一起混合捕捞，有时会被当成杂鱼被扔弃。这种鱼不禁让人联想到阪神虎棒球队的队服，而它花哨外表下的鱼肉却出人意料的好吃，但是只有产地的一部分人才知道。关东地区的进货量很少，但如果吃过用它做成的生鱼片、盐烤鱼或者整块鱼干，就会惊叹它的美味。

青若梅鲷

在东京和其他地区自古以来就被视为豪华鱼的白肉鱼。

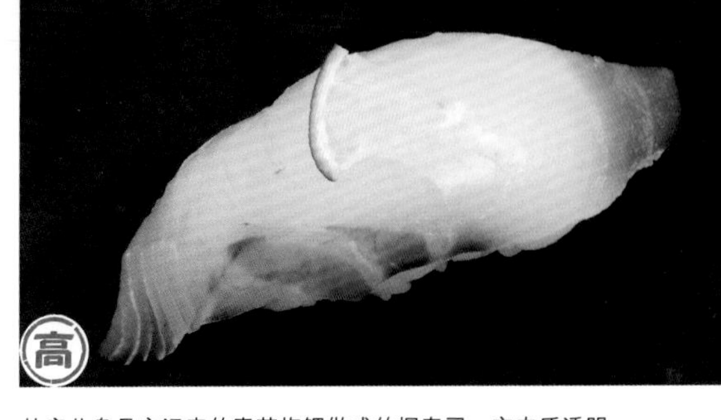

从鹿儿岛县空运来的青若梅鲷做成的握寿司。它肉质透明、血合肉非常漂亮，实际上吃起来比看上去更能品尝到浓郁的鲜味。与寿司饭一起食用可以感受到丰富的口感，之后余味在舌尖萦绕、久久不散。能让人感觉到不可思议的美味。

资料

分布在日本南部。【鲈形目笛鲷科】

季节： 春季至夏季。

名称： 鹿儿岛县叫“Hota”，冲绳县叫“Shuchumachi”。

食用： 一种万用的白肉鱼，适合做成任何菜肴。在冲绳用连皮的鱼肉直接做成生鱼片，和日本芥末、醋味噌等一起食用。

热带深海的高级鱼类，也是东京的代表性鱼类

栖息在日本南部海域中的中型鱼类。在东京附近的伊豆群岛、小笠原以及从鹿儿岛到冲绳的诸岛都能被捕获。在东京鱼类交易市场上，和鲆鱼、鲽鱼，以及笛鲷科的鱼类（姬鲷）、长尾滨鲷都作为白肉鱼的代表。由于它是在东京附近群岛捕捞的，因此已广泛用于高档餐厅。青若梅鲷主要被制成生鱼片，因为“炖煮或者烤制这种价格昂贵的鱼，会有点可惜”。春季到夏季，白肉鱼的捕获量变少的时候，就是这种鱼的最佳时令。

太平洋
黄尾龙占

秋季白肉鱼的王者。

最漂亮的握寿司之一。可能看起来口味平淡，但是实际上味道却非常浓郁。黄尾龙占做的握寿司，一吃就停不下来。

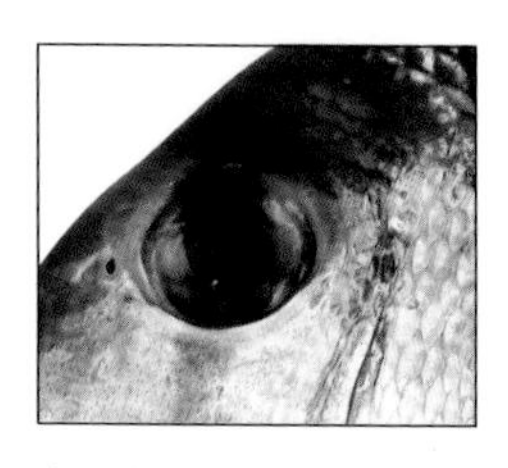

在眼中也可以看到褐色的条纹。

资料

栖息在日本南部。【鲈形目龙占鱼鲷科】

季节：夏季至冬季。

名称：眼睛有条纹是这种鱼最大的特征，因此也叫作“目一”或者“目鲷”。

食用：最好是享用方法是生吃。尽管是透明的白肉，但生鱼片的美味却是世界上最好的之一。

随着秋天而至，是白肉鱼中的贵妇人

这种鱼成群结队栖息在面向外海的潜水水域礁岩区，外观没有特征明显的花纹，可以长到 40 厘米左右，不引人注目。尽管它以美味闻名，但到目前为止价格还算不上高不可攀。这种鱼宰杀后会变成金色。从关东以南到太平洋沿岸，捕捞后用活缔法处理或者直接以鲜鱼方式上市销售，没有代表性的产区。因为它的捕获量不多，所以时令不是特别清楚，但秋季捕获到的鱼味道绝美。

金眼鲷

用作寿司和生鱼片的新食材。

油脂在眼前融化，这就是油脂肥美的金眼鲷。一旦入口，油脂的甜味就会散开，迅速与寿司饭融合在一起，然后慢慢消失。能完全体会到鱼味的鲜美，真是太棒了。

把带皮的金眼鲷鱼肉在热水中汆烫后马上过冰水（“皮霜”的处理方法），做成的握寿司。虽然少了些入口即化的口感，但浓厚的甜味却不断涌现出来。

资料

北海道以南的太平洋一侧，栖息在世界的深海。【金眼鲷目金眼鲷科】

季节：秋天到冬天，但全年味道都很好。

名称：最昂贵的金眼鲷，也被称为“真金”。

食用：用这种鱼做的涮涮锅是产区的特色菜，也是登峰造极的美味料理。鱼肉在日式海带高汤轻轻涮过后变白，再配上橘醋，真是上等美味。

从平价鱼变成高级鱼

由于它栖息在深达 200 多米的海域，因此以前靠手摇桨捕鱼的船夫都不熟悉这种鱼。令人惊讶的是金眼鲷作为食用鱼历史很短，但是它在关东地区很长时间都是家喻户晓做成熟食的鱼。主要产区是伊豆群岛、伊豆半岛和千叶县。在高知、长崎和鹿儿岛县能被捕捞到它，海外进口的金眼鲷通常是从智利和美国等。在日本关东地区，伊豆半岛上捕获到的被称作“地金眼鲷”的很珍贵，价格也很高。

夷鲷

表面被宝石般的鳞片覆盖。

透明的玻璃状鳞片下是红色的皮肤，用“皮霜”技法处理后做成的握寿司。尽管是白肉鱼，但含量适中的脂肪与寿司饭搭配非常美味。

资料

栖息于日本南部。【金眼鲷目金鳞鱼科】

季节：秋季至冬季。

名称：因为身体的表面非常坚硬，甚至连刀刃都切不下去，所以也被称为“铠鲷”“具足鲷”。

食用：在分类学上和金眼鲷是同类，炖煮时与金眼鲷一样好吃。

由于很难捕获到，一旦见到这种鱼就是一张笑脸

这种鱼由固定渔网在沿海捕捞，但是不知道什么原因，总是只有零星的一两条而已。整个身体像镶嵌了金丝线一样闪闪发光。鱼鳞像玻璃一样坚硬、用手触摸时会痛。这种鱼的日本标准名叫“惠比寿鲷”，指的是日本的七福神之一，即“五谷丰登之神”，也意指来自遥远国度之舞，让人不禁联想到异世界的存在。也许古人对这种像红宝石耀眼般美丽的鱼感到惊讶，才给它起了这个名字吧。

斑鮀

在日本海浪涛汹涌的时候能被大量捕捞到的礁岩鱼。

在日本四国等地，用稻草熏烤后，连着鱼皮切成薄片，称为“熏烤鱼片”。图为用“熏烤鱼片”做成的寿司。鱼皮的美味和鱼肉脂肪甜味的融合，是最能感受到野性的一贯握寿司。

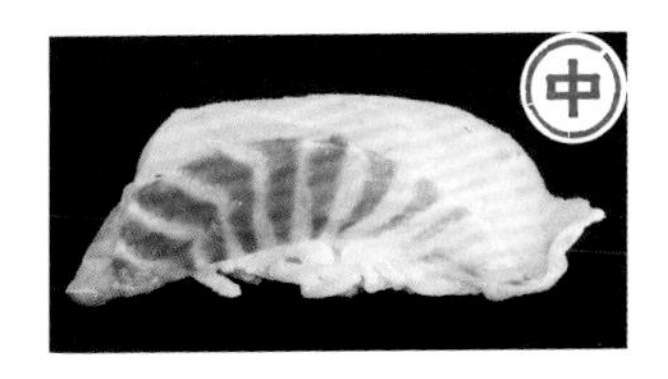

在严寒的岛根半岛大量捕获到的斑鮀做成的握寿司，乍看像鲷鱼，但味道浓郁，口感强烈。

资料

栖息在从新潟到房总半岛以南。【鲈形目鮀鱼科】

季节： 秋季至冬季。

名称： 关西叫“Gure”，日本海的山阴地区叫“黑屋（KUROYA）”。当开始捕获鲑鱼时，同时也能很好地捕获到斑鮀，因此也叫作“鲑鱼之鲷（Salmon no Tsukaedai）”。

食用： 德岛县的渔民将连皮的鱼肉直接放在篝火需靠，当烤到表面成黑色时，用火钳除去鱼皮。中间的鱼肉这样蒸烤过后，简直太好吃了！

斑鮀有两种，一种常年在海岸礁岩区附近，还有一种在远离海岸的近海海域

栖息在温暖而多岩石的海岸或浅海海域，有一对蓝钻石般的眼睛。很多人更热衷把它当作钓鱼的猎物，而不是用来食用。斑鮀是统称，其实它有两种：一种常年在海岸礁岩区附近，还有一种在远离海岸的近海海域。由于这种鱼夏季有腥臭气味，所以不受欢迎。但是天气越冷，鱼的味道越好，在日本山阴地区，有种说法是“冬季的斑鮀赛过鲷鱼”。典型的产区是从北陆地区到山阴地区。

石鲈

这种鱼让人想起割麦子的时节和即将来临的夏天。

在梅雨季节的盛夏捕获到的石鲈，用活缔法处理过后做成的握寿司。血合肉鲜活且呈红色，切成的鱼片油腻、肥美、甘甜。当与寿司饭一起食用，真是人间美味。

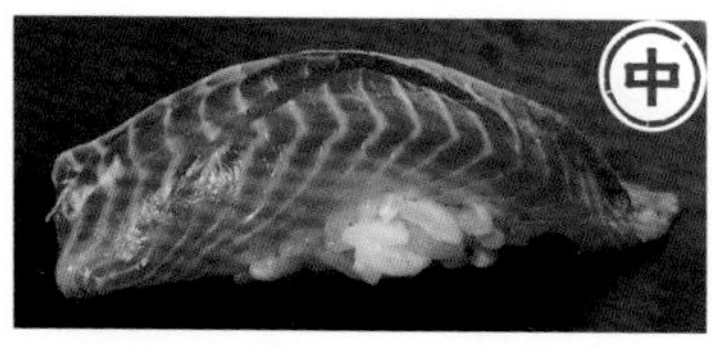

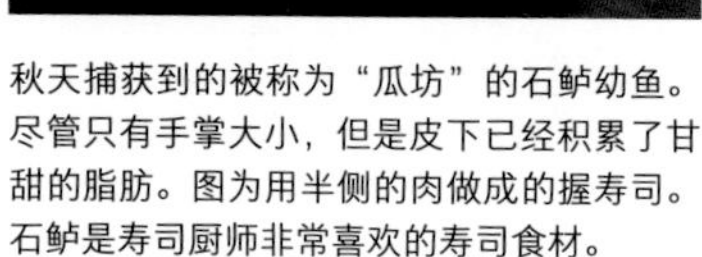

秋天捕获到的被称为“瓜坊”的石鲈幼鱼。尽管只有手掌大小，但是皮下已经积累了甘甜的脂肪。图为用半侧的肉做成的握寿司。石鲈是寿司厨师非常喜欢的寿司食材。

资料

分布在日本东北地区以南。【鲈形目石鲈科】

季节： 春季至夏季。

名称： 麦子的收割期捕获到的石鲈味道最美，被叫作“麦秆石鲈”，同样，在梅雨期的叫作“梅雨石鲈”。

食用： 在夏天，盐烤石鲈被称为“盐烤鱼之王”。

在日本江户时代，吃盐烤鱼是夏天的传统。生鱼片是新的吃法

石鲈成群结队的地栖息在面向大海的浅岸附近。江户时代以来，在东京地区主要是盐烤后食用。至今，石鲈仍然可以在内房和三浦半岛等地的东京湾被捕获。主要产区从关东到宫崎县、从山阴到天草周围。石鲈的最佳时令是夏天，是夏季的代名词。当季的盐烤石鲈就连老东京人也赞不绝口。像生鱼片这样令人惊讶的新吃法，是在经济高速发展期才出现的事情。

花尾胡椒鲷

从西日本风靡到全日本的寿司食材。

它具有白肉鱼独特的风味，鱼皮炙烤后的会增加香气并让鲜味更浓郁。这种鱼软硬适中，非常适合搭配寿司饭，可以做成漂亮的握寿司。

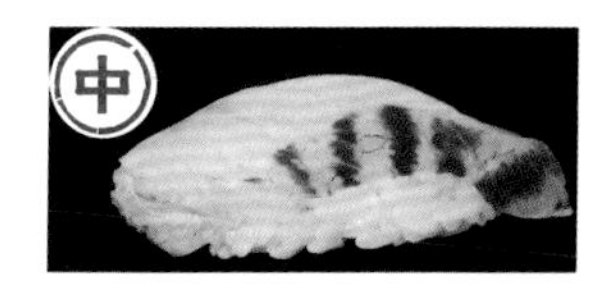

这种鱼在关西西部是经典的白肉鱼，血合肉部分非常漂亮。做成的握寿司也是优雅的上品白肉，怎么吃也不会觉得厌倦。

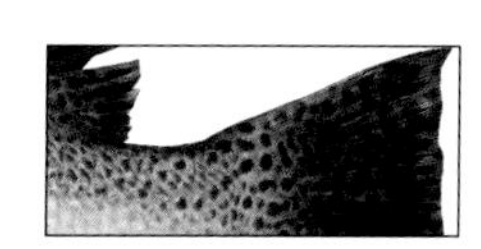

鱼身上有像胡椒一样的斑点。

资料

栖息在山阴地区、下北半岛以南的日本海和太平洋。【鲈形目石鲈科】

季节：春季至夏季。即使在寒冷的时期味道也很好。

名称：很喜欢这种鱼的大分县把它叫作“KOTAI”，但尚不清楚是不是“小鲷”。

食用：谈到夏天的盐烤鱼，就不能不提石鲈，而作为同类的花尾胡椒鲷盐烤后味道也很棒。

由于全球变暖，捕获的鱼类数量逐年增加，价格也在不断下降

它位于伊豆半岛以西的多礁石浅水区。长得确实很像鲷鱼类，是体长约 70 厘米的大型鱼。据说，如果太大就会有寄生虫，所以专业人士更喜欢中等大小的 30～40 厘米的鱼。这种鱼的标准日本名中带有“胡椒”二字，是因为身上有类似于胡椒的斑点。由于它在暗礁附近活动，因此鱼肉会散发出些暗礁的独特味道。

花石鲈

有着石鲈科鱼类中最美丽血合肉。

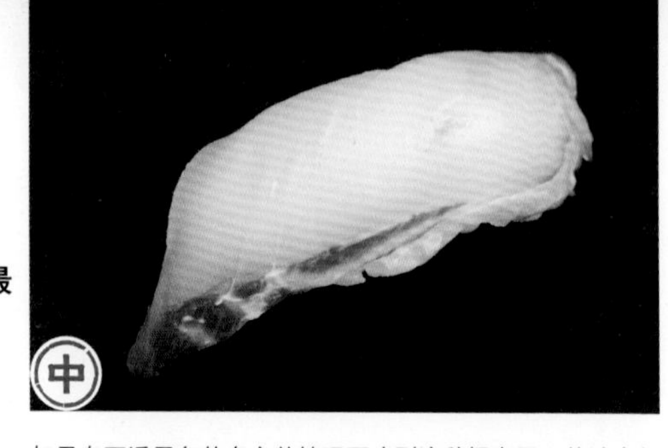

如果在不透露鱼的名字的情况下吃到这种握寿司，估计会很难猜到是什么鱼做的。它的味道甘甜，咀嚼后会逐渐呈现出鲜味，与寿司饭搭配也能保持均衡的口感和极佳的余味。要想用让客人仔细琢磨这种神秘的美味，就用这种鱼做一贯握寿司吧。

鱼身上有和野猪幼崽的相似的黄色斑点。

资料

栖息于下北半岛南部。【鲈形目石鲈科】

季节：春季到夏季。

名称：在日本三重县，这种鱼被称为是喜欢食用贝类的斑鲃。

长得像鲷鱼的石鲈科下有许多美味的鱼

与花尾胡椒鲷相似，它在温暖的多岩石的海岸和海岸附近的浅水区栖息。原本鲷鱼状的石鲈科的鱼类在热带地区很丰富，但是这两个物种却生活在北部。它们是世界上最重要的白肉鱼。随着全球气温变暖，它才能够成为平常百姓家餐桌上的佳肴。花石鲈像野猪崽一样，背上有着黄色的斑点。

六线鱼

代表江户前的高级鱼类。

最佳时令是初夏季节。鱼肉看起来是白色的，因为脂肪混在其中。这种鱼很甜，且有足够的鲜味，具有耐嚼的口感，与寿司饭搭配食用后回味悠长，一贯寿司不知不觉就被吃完了。

用炙烤过鱼皮的鱼做成的经典握寿司。鱼皮的鲜味和香气加分不少。还可以感受到鱼肉与寿司饭融为一体的美妙口感。

资料

栖息于北海道至九州相对较浅的水域。【鲉形目六线鱼科】

季节： 春季至夏季。

名称： 当身体表面黏稠时如同上过油一样，被称作"ABURAME"。由于一直在多岩石的水域被捕获，因此叫作"Shiju"。

食用： 高级餐厅用这种鱼做成高汤料理。在切好的鱼片表面抹上葛粉，放入日本海带高汤中，是高汤料理的最高境界。

夏季白肉鱼的代表，与朴素外观相反的是雪白的美丽寿司食材

六线鱼是江户前的鱼，能在江户湾（现为东京湾）浅水水域被捕获，是江户百姓渴望的白肉鱼。大量的六线鱼来自北海道和日本东北部地区，但是如果以生食为主，则至少应该先用活缔法处理鱼肉。夏天的鱼越鲜活，价格就越高。产卵季节是从秋天到冬天。在这个季节，它像鲇鱼一样占领地盘，雄性被鱼卵包裹，变成黄色，以产卵后护卵而闻名。

远东多线鱼

因剖开做成鱼干而闻名的日本北部鱼类。

日本北海道函馆产的远东多线鱼用活缔法处理后做成的握寿司。寿司看起来很漂亮，一旦把它放进嘴里，脂肪的甜味就会涌现。吃完之后余香满口，惊讶于这样的美味。

图片提供：日本独立行政法人水产综合研究局

资料

栖从日本海到茨城县以北的鄂霍次克海。【鲉形目六线鱼科】

季节：春季至夏季。

名称：体形较大、基本上不游动而栖息在同一海域，称为“TARABAHOKKE”“NEBOKKE”。

食用：虽然是剖开做成鱼干的平民料理的材料，但是大型的远东多线鱼格外出色。在北海道的炉端烧料理，一条鱼可供 4 个人食用。

第二次世界大战后粮食短缺期间，大量被运往日本关东地区

在日本海、日本东北部和北海道捕获到的平价鱼。随着捕获到的鱼的体形的增大，渔夫对它名字的称呼也随之改变，变成了“ROSOKUHOKKE”“CHRYUHOKKE”“TARABAHOKKE”。体形越大味道越好，但价格也越高。在战后粮食短缺的时期，连冷藏保存都没办法实现，所以这种鱼现在很多人都还会觉得不好吃，因此在关东地区很便宜。产地主要是北海道，其中又以栖息在某个特定地区的大型远东多线鱼为昂贵的知名品种。

花鲈

帮助日本平氏政权夺取地位的吉祥鱼。

梅雨季结束时富含油脂的野生花鲈。看起来浑浊的部分是油脂，入口就能感觉到轻微的甜味以及弹牙的口感，凉爽又可口。

养殖的花鲈全年都富含油脂，因为它们鲜活地到达东京筑地市场，所以肉质透明十足。作为寿司食材，非常优秀，但缺乏野生鲈鱼的野味。

资料

栖息于日本全国各地及中国南海。【鲈形目狼鲈科】

季节：夏季。

名称：名称随成长阶段变化的“出世鱼”。幼鱼叫“KOPPA”，长大后依次叫“HAKURA”“SEIGO”“FUKKO”“SUZUKI”。

食用：无论如何、新鲜的花鲈鱼片是最美味的。活鱼宰杀切片后用冰水浸泡会让肉质更加紧致。充满夏天凉爽的味道。

江户时代通常做成盐烤鱼，生鱼片是一种新的食用方式

花鲈多栖息在内海湾，幼鱼也能在淡水水域中发现。由于它是在陆地附近捕捞的，因此即使在城市地区也被人熟知，并且自江户时代起就是钓鱼爱好者的最爱而广受欢迎。它也被记载在许多古代文献中，据说平清盛看到这种鱼跃入船中，认为是“吉祥之事”而庆祝，最后当上了太政大臣。在江户时代的《鱼鉴》一书中，也提到过“夏之珍，无物过此”。无论是用产卵季节即将来临前肥美的花鲈，还是用鱼饵人工饲养的富含油脂的鱼肉做成的握寿司，都是天下第一的美味。

宽花鲈

夏有花鲈，
冬有宽花鲈。

很难从鱼片想象到这居然是鱼肉。血合肉的淡红色中没有黑色的筋肉。口味清淡爽口，与寿司饭很好地融合在一起，味道鲜美。

资料

主要栖息地在房总半岛到九州。【鲈形目狼鲈科】

季节： 秋季至冬季。

名称： 因为栖息于稍微面向外海的水域，又被称为“冲鲈”。又因为比花鲈更美味，所以也被叫作“本鲈鱼”。

食用： 鲈鱼类处于淡水或者淡水和海水交汇的水域，可能会让人觉得有轻微的臭味。但是这种鱼没有气味。它的口感像真鲷一样优雅，所以千万不要用冰水冷浸。

分类学上认为鲈鱼只有一种，但是渔民却将鲈鱼分作这两种类型

自古以来，渔民就知道鲈鱼有两种类型，一种是栖息在公海的粗糙暗礁的宽花鲈，还有另一种栖息在内海湾的花鲈。但是，直到第二次世界大战结束后十多年，分类学也没有把宽花鲈当作一个单独的物种。渔民似乎早就知道“公海鲈鱼”更美味，价格也更高。由于它不进入淡水，因此无异味的白肉就像鲷鱼一样优雅可口，特别是在冬天很美味，特别适合做成高档寿司。

褐石斑鱼

体重超过 100 千克的大型鱼，但味道细腻。

野生褐石斑鱼用活绨法处理后切片做成的握寿司。放在寿司饭上，鱼肉也会隆起，弹牙的口感在口中咀嚼时会散发出浓郁的鲜味，令人耳目一新，而且这种鱼肉与寿司饭味道如此协调，让人上瘾。

资料

栖息在日本南部。【鲈形目鮨科】

季节： 从冬季到初夏。

名称： 在中国、日本九州等地区，“ARA”这个名字更众所周知。

食用： 寒冷的十一月，在福冈举办的日本职业相扑比赛九州场的时候，相扑选手们食用的“ARA 锅”非常有名。比河豚更贵，也更好吃。

滥竽充数的情况比比皆是，但货真价实的褐石斑鱼一旦登场，就是高价的代名词

褐石斑鱼多栖息在温暖水域的岩礁地区。在过去，日本福冈县博多市的“ARA 料理”以及和歌山县的“KUE 料理”，是内行人才知道用高级鱼类做的地方料理。近年来，它的美味引起了人们的注意，由于野生产量不够，水产养殖正日趋流行。目前，褐石斑鱼在鱼类交易市场年初拍卖的起价，有时甚至会比金枪鱼更贵。价格如此之高，以至于出现了一些用白斑裸盖鱼这种不相关的鱼滥竽充数的情况。真正的褐石斑鱼，即使是鱼皮、胃、肝等部位也不会被弃之不用。

七带石斑鱼

大型石斑鱼，栖息在日本的最北端。

人工养殖的鱼肉做成的握寿司。野生鱼很少见，越来越多地使用人工养殖产品。它肉质圆润甜美，用活缔法处理过的鱼肉口感浓郁，缓慢渗出鲜味，与寿司饭很好地融合在一起。会有黏稠感并在口中融化的感觉是因为鱼肉内有大量脂肪。与柑橘类水果和盐搭配，非常美味。

资料

栖息于日本北海道南部到中国东海的海域。【鲈形目鮨科】
季节：深秋到初夏。
名称：因为它位于海藻生长的岩石海域，所以也叫作“藻鱼”。
食用：在日本西部，生鱼切片、汆烫和搭配醋味噌等。

身上的条纹在长大后消失

它是浅海水域的多岩石地区的石斑鱼类的代表，栖息在的日本的最北部地区。体长超过一米的食肉鱼，并且野生鱼类每年越来越难捕获到。即使在鱼类交易市场也很少有机会看到野生石斑鱼，如果是罕见的大石斑鱼，价格可能会超过每千克两万日元，通常根本无法买到。由于很难捕获到，所以人们开始尝试养殖，现在已成为养殖鱼类的王牌。尽管它是白肉鱼，但鲜味很浓，许多人认为它的味道较比目鱼更好。

赤点石斑鱼

在濑户内海及近畿地区，薄切的清爽赤点石斑鱼片宣告着夏日的到来。

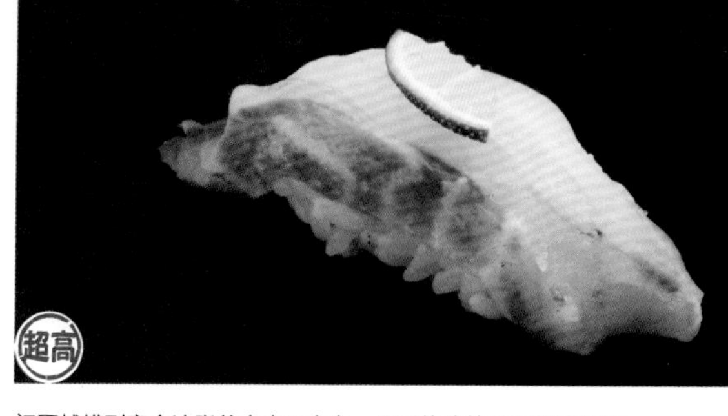

初夏捕捞到富含油脂的赤点石斑鱼，用活缔法处理后做成的握寿司。它具有弹牙的口感，与寿司饭非常搭配，甜美的味道并富含鲜味，回味极佳。与酱油相比，更适合柑橘类和盐。

资料

分布在青森县南部。【鲈形目鮨科】

季节： 春季至夏季。

名称： 身上有像小红豆一样的花纹，因为被叫作“小豆鳟”，或者因为红色的身体而被称为“赤鳟”。

食用： 赤点石斑鱼做成的薄切的鱼片，是濑户内海、近畿地区的夏日风情。大阪有“冬吃河豚，夏食赤点石斑鱼”的传统。

石斑鱼分大小两种，该物种是小型鱼的代表

石斑鱼有大小之分，赤点石斑鱼是一种生活在浅礁区域的小型石斑鱼，即使长大，也只有 40 厘米左右。在过去，日本关东地区很少有人捕捞它，这种鱼的日本标准名“雉羽太”，在东京地区很少听得到。它是大阪以西地区夏季代表的高级鱼类。

横条石斑鱼

在温暖海域中栖息的小型石斑鱼。广泛用于中式料理。

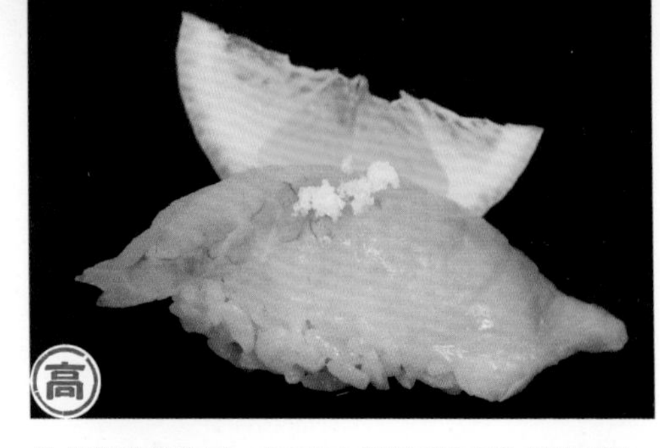

用才到货的新鲜小鱼，切下鱼肉并保存半天后做成的握寿司。具有甜味和鲜味间完美平衡，并带有浓郁的口感。与酱油相比，推荐搭配柑橘类和盐食用。

资料

分布在日本南部。【鲈形目鮨科】

季节：春季至夏季（热带地区没有明显的季节）。

名称：因为身体是红色的，所以又叫作"AKAGI""AKABA""AKANIIBARA""AKAMIBA"。

食用：中式料理中清蒸鱼的代表食材。和葱一起蒸，淋上中国酱油和鱼露做成的酱汁，再浇上热花生油。

在石斑类鱼中相对便宜，并且大量用于中国菜和意大利菜

栖息于温暖的水域，和珊瑚礁等浅水区的小型石斑鱼。它位于日本骏河湾以南的太平洋一侧，捕获的数量不是很大。除了伊豆群岛外，静冈县、和歌山县、四国、九州、冲绳等地区也是产区。石斑鱼类通常很贵，但是横条石斑鱼却相对便宜。鱼肉切片后透明感强，血合肉优美。有些寿司厨师把它切成片后，像河豚一样用湿毛巾包裹住，搁置一段时间后再食用，味道更好。

东星斑

位居冲绳三大高级鱼之首的大型石斑鱼。

从日本鹿儿岛县空运来的，用活缔法处理过的东星斑鱼肉做成的握寿司。肉质仍然透明，鲜味稍淡但是味道优雅，百吃不厌。如果将其放置几天，味道会更浓郁，很适合搭配寿司饭。

资料

分布在日本南部。【鲈形目鮨科】

季节： 春季至夏季，但全年都很美味。

名称： 鹿儿岛县叫"AKAMIZU""AKAJU""BARAHATA"。

食用： 推荐冲绳料理中"MASU 炖煮"的烹饪方法。在浓盐水中短时间炖煮、如果再佐以岛豆腐，鲜味会倍增。

冲绳特别的高级鱼，大型东星斑用于庆祝活动

栖息于温暖珊瑚礁等浅水海域的大型鱼。在冲绳岛主要通过活鱼饵垂钓，或者渔夫通过鱼叉来刺捕。与青衣鱼、长尾浜鲷并称为冲绳三大高级鱼，在市场上售价很高。主要产地是冲绳县、鹿儿岛和长崎县。优雅白肉中富含恰到好处的甜味，而刚捕获的东星斑更是口感丰富。东星斑的生鱼片具有美丽的外观、南部热带地区特有的味道，以及清爽的余味。

东方石斑

与一般石斑类不同品种的深海鱼。

切开的鱼肉略呈琥珀色。新鲜从海里打捞的鱼具有透明的白肉，但稍稍放置一会儿味道会更好吃。与寿司饭混搭，能感受到它浓郁的鲜味及鱼肉的强烈存在感。

资料

栖息在日本东北南部。【鲈形目鮨科】

季节：深秋至初夏。

名称：在九州，因为它外观像花鲈一样生活在近海的深海处，也叫“冲鲈”。

食用：这种日本标准名叫作“鯇”的东方石斑，比褐石斑鱼更美味。

尽管属于石斑鱼家族，但是却与普通石斑鱼不同

与通常在潜水海域的礁岩中发现的石斑鱼类不同，这种鱼栖息在深度超过 100 米水域的礁岩中。外观与其他石斑鱼类也有很大不同，更接近于花鲈的外形。在东京的鱼类市场，被称作九州的褐石斑鱼，更易被人熟知。也就是说，有的时候订购“东方石斑”，结果送来却是褐石斑鱼。但是，这种鱼的捕获数量本来就少，并且没有被人工养殖，因此比褐石斑鱼还要昂贵。有时，鱼类交易市场的对它的评价比褐石斑鱼还要高。

青衣鱼

冲绳三大高级鱼之一，仅在琉球弧以南的海域才有。

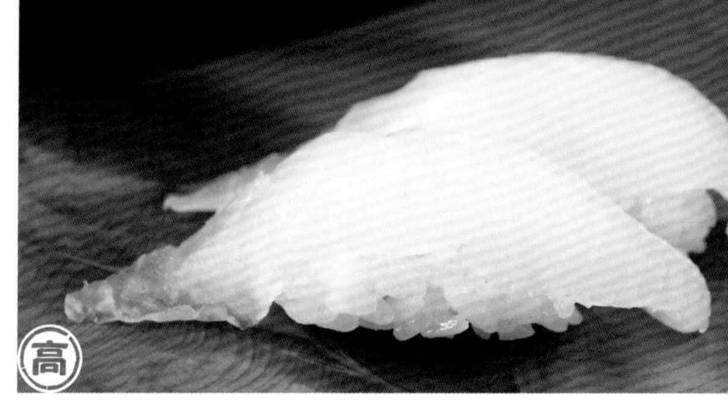

寿司师傅考虑鱼肉是否应该连着鱼皮一起做成寿司，深思熟虑之后还是决定用不带皮肤的鱼肉做成的握寿司。据说是因为鱼皮有点硬，不太适合搭配寿司饭。颜色虽然没有太大吸引力，但鱼肉略带甜味、回味悠长。

资料

栖息在奄美大岛以南。【鲈形目隆头鱼科】

季节：春季至夏季。

名称：会被叫作“Makubu”。冲绳八重山叫作“OOMAKUBU”。

食用：用连着鱼皮的鱼肉做成的刺身最为美味。隆头鱼类和鹦嘴鱼类如果不连皮一起吃可不行。

“冲绳三大高级鱼”之一

栖息在热带的珊瑚礁附近。这种鱼在热带海域很多外观漂亮的鱼类面前显得普普通通，但由于它体长超过一米，通常会作为海钓的猎物而大受欢迎。冲绳的三大高级鱼是东星斑、长尾浜鲷和青衣鱼。在那霸市的泊渔港，可以看到这三种鱼并排摆放的壮观景象。这种没有异味的白色鱼肉，在冲绳直接连着皮一起做成刺身。虽然是白肉鱼，但味道的层次却很丰富。

海猪鱼

在东日本是不起眼的小鱼，在西日本却是高级鱼。

兵库县明石的海猪鱼，用活缔法处理后的鱼肉做成的握寿司。日本关东地区觉得这种鱼的鱼肉颜色太白，没有吸引力，但其实肉质丰满又甜美，与寿司饭搭配味道甚佳。是上等的寿司食材之一。

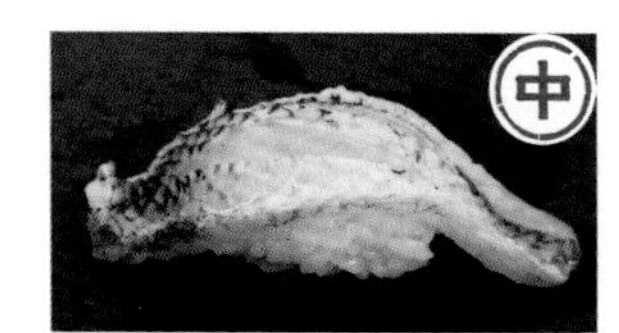

小型的雄鱼的带皮鱼肉用火炙烤后做成的握寿司。皮肤富含鲜味，炙烤后的香气逸入鼻腔，让人陶醉。是直击味蕾的美味。

资料

栖息于北海道南部以的南。【鲈形目隆头鱼科】

季节： 春季至初夏。

名称： 由于它是典型的隆头鱼，因此有许多地区简称它为“隆头”。

食用： “HABUTEYAKI”是日本广岛县的一种当地美食。鱼肉煮过之后再烤制，尽管很美味，但是很容易烤焦，所以做起来很费功夫。据说婆婆让家里的媳妇做这道菜的时候，媳妇就会露出噘着嘴的生气脸（“HABUTE”）的表情，所以这道菜因此得名。

多分布在濑户内海等浅水海域，在以小鱼做菜的食材中非常有名

这种鱼尽管在关东地区也有，但却在濑户内海的西日本被大量捕捞。多栖息于有礁岩的沙质海域。幼鱼是红色，全部都是雌性。长大后会变成带着绿色的青蓝色，性别转成雄性。因此，雌性被称为“红色隆头鱼”，雄性被称为“青色隆头鱼”。即使长大，它也只是一条长约 30 厘米的小鱼。尽管在关东地区被视为不起眼的小鱼，但在从近畿到濑户内海的日本西部却是高级鱼类。时令的大型雄鱼非常美丽，是最上等的寿司食材。

喉黑鱼

和北部的喜知并称两大红色高级鱼类。

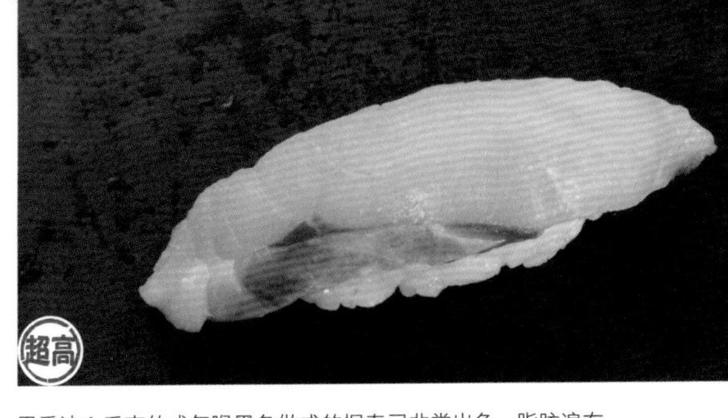

用重达 1 千克的成年喉黑鱼做成的握寿司非常出色。脂肪遍布全身，一旦放到嘴里就能感受到油脂的甜美。它具有浓郁的鱼鲜味，非常适合搭配寿司饭。是能够与金枪鱼的大腹相媲美的重量级寿司食材。

在小型的喉黑鱼皮肤上撒些盐，用火稍稍炙烤，然后再挤上一些柑橘类的水果的汁一起食用。鱼肉在口中融化的同时，香气直冲鼻腔。

资料

分布在日本新潟县及福岛县以南。【鲈形目发光鲷科】

季节： 秋季至春季。

名称： 因为红色的皮肤和美丽的外表，被叫作“金鱼”“红鱼”。也因为眼睛大而在日语中被叫作“目太”。

食用： 毫不吝惜地用这种超高级的鱼，剖开腹部做成鱼干，是山阴县的特产。被称为“白肉鱼中的大腹”，烘烤后有自身脂肪散发的香味，像油炸过一样。

多栖息在日本海，体内有大量脂肪的超豪华红色鱼

喉黑是一种生活在深海中的体长约 40 厘米的鱼，能在日本海中被大量捕获。尽管是白肉鱼，但如同金枪鱼的腹肉一样肥美，其受欢迎程度正在上升。现在是被称为“红宝石”的超高级鱼。这种鱼在不同产地冠以不同名字，并在全日本销售，比如石川县的“喉黑”、岛根县的“DONCHICHI”、长崎县的“红瞳”等。尽管大型鱼的味道已经很好，但是为了充分利用鲜味浓郁的鱼皮，日本山阴等地区的许多寿司餐厅都用小型的喉黑鱼炙烤表皮后做成握寿司。

牛眼鲑

曾经因过于油腻而不受欢迎。

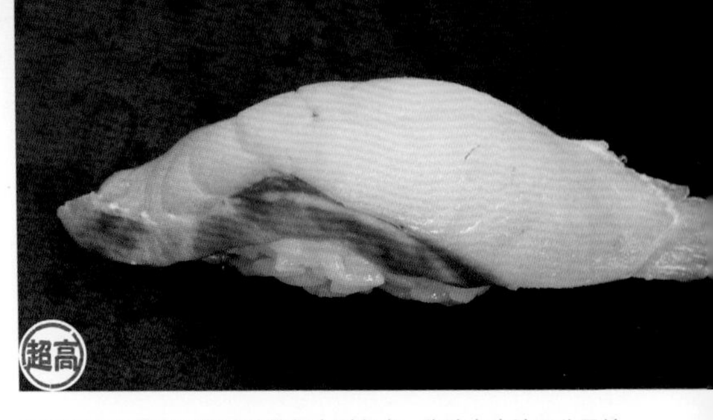

在日本鹿儿岛县近海捕获的超大型鱼类。脂肪在皮肤下分层并在体内与白肉混合。两层美味同时涌现，一层于入口时在体温下融化，另一层会呈现肉质充满弹性的口感。配上寿司饭的酸味，是绝妙的美味。

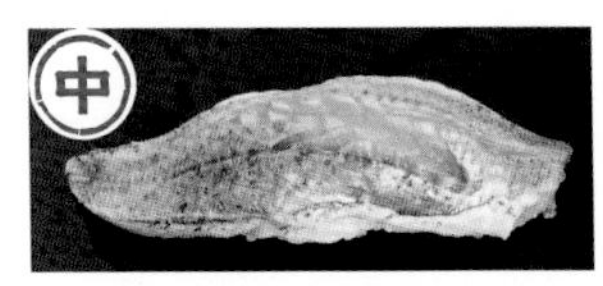

炙烤过鱼皮的小鱼，鱼肉捏成手掌宽度大小的寿司。尽管是小鱼，但鱼皮已渗透出油脂，并具有浓郁的鲜味。寿司厨师喜欢它小小身体里藏着的大美味。

资料

栖息于从北海道南部到中国东海。【鲈形目鲑科】

季节： 秋季至冬季。

名称： 成鱼栖息于深海，而幼鱼叫作“ONSHIRAZU”，生活在浅海。

食用： 牛眼鲑的日文发音是脂肪很丰富的意思。如果做成炖鱼，鱼肉浓厚又充满甜味，非常美味。

过去是百姓吃的平价鱼，现在价格却高不可攀

在本书中，黑牛眼鲑和牛眼鲑统称为“牛眼鲑”。两者都可以在太平洋深水海域被捕获，有时体长会接近 1 米。牛眼鲑有时群居在浅海港口周围，长到身长 20 厘米大小就可以用固定渔网捕捞。在过去，这种鱼能够被大量捕获，并且由于油脂过多，被认为是下等鱼，但如今人们偏好油脂含量高的鱼肉，这种大型鱼就列入超高级鱼行列。在超市买不到它，只有在高档餐馆和寿司店里才能吃得到。

日本金梭鱼

过去是做干鱼的原料，现在做成生鱼片也很受欢迎。

切成鱼片之后炙烤鱼皮，在鱼肉尚温暖的时候做成的握寿司，直接食用。一旦放入口中，香气就会逸入鼻腔，舌头能感受它的甜美。它与寿司饭一起食用，鲜味和甘甜源源不断的涌上来。

资料

分布在日本东北部以南。【鲈形目金梭鱼科】

季节：初夏至初冬。

名称：德岛县内捕捞的鱼由于身体狭长被叫作“尺八”。而它在金梭鱼科鱼类中味道最好，所以日本名叫作“真梭子鱼”。

食用：大多数做成鱼干的金梭鱼都是身体左右剖开并保留头部，这种做法叫作“小田原鱼干”。最近，尽管这种鱼干的价格很贵，但味道绝对物超所值。

温暖时会积极地进食并在皮肤下积聚大量脂肪

栖息于温暖海域，以小鱼为食的食肉鱼。牙齿像剃刀一样锋利，如果不小心被它碰到，可能会受伤。盐烤过的日本金梭鱼太美味了，配着米饭一吃就停不下来，这就是“配着烤梭子鱼可以吃下一升米饭”这一典故的由来。即使到现在，这种烹饪方法依然很流行。它也因加工成高级鱼干而闻名。做成生鱼片食用算是最近的新吃法。小型的梭子鱼就是高级鱼，而大型的就是“超高级鱼”了。

尖鳍金梭鱼

炖煮和烤了吃口感都不算一流，做成握寿司却是最上等的美味。

鱼皮有独特的风味，而用醋腌渍过的鱼肉甘甜可口。鱼肉软硬适中、很适合搭配寿司饭，但是令人奇怪的是，它并不属于江户前寿司的经典款。

在日本纪州、三重县、和歌山县、四国、德岛和高知县地区做成的姿寿司。在秋天的节日庆祝期间，把鱼肉从腹部剖开，小心地去掉骨头，之后浸泡在甜醋中，再包裹住寿司饭。

资料

分布在日本南部。【鲈形目金梭鱼科】

季节：秋季。

名称：因为鱼背上有带有青色，所以也叫作“青金梭鱼”，形状像竹笛。

食用：价钱便宜的这种鱼被做成各种加工品，其中最独一无二的就是长崎县制造的鱼干，用它做成的高汤有惊人的美味。

在特定季节便宜又美味的鱼，不知道这种美味真是一大损失

群居在温暖的浅水海域，以小鱼和虾为食的食肉鱼。它在沿岸用固定渔网捕捞。不同于一年四季都能被捕捞到的日本金梭鱼，这种鱼只有在夏天到秋天才比较多，因此更能感知到季节带来的美味。当日本金梭鱼和尖鳍金梭鱼同时被捕捞到的时候，渔民对日本金梭鱼充满喜悦，却对这种鱼感到失望。但是一旦做成鱼干，美味就和香梭鱼不分伯仲。在纪州和四国等地，它们被用醋腌渍后被来制作成姿寿司。

褐菖鲉

嘴巴很大，长相可怕，但是鱼肉却非常美味。

味道根据鱼体形大小变化不大。用半侧的鱼肉做成手掌宽度大小的握寿司。鱼皮炙烤后充满香味，皮下的胶原蛋白融化并变甜。鱼肉也有足够的鲜味，非常适合搭配柑橘类水果和盐。这种鱼很贵，所以要留意一贯寿司的价格。

资料

栖息于北海道南部以南。【鲉形目鲉科】

季节：秋季至冬季。

名称：九州叫“ARAKABU”，濑户内海叫“赤目张”。

食用：煮、炸或者做成鱼清汤，用它做的美味一样接一样。价格逐年上升。要是能便宜些就好了。

据说长相可怕的鱼会非常美味，吃过褐菖鲉你就懂了

即使长到成鱼，体长也不到30厘米的小鱼。安静地生活在浅滩上，以其他的小鱼虾为食的肉食性鱼类。在日本，如果形容一个人只动嘴不动手，就会说“礁岩中的褐菖鲉只有嘴而已”。因为这种鱼的头部和嘴很大，所以身上的可食用部位不多。“褐菖鲉的脸都不洗”也形容一个人相貌丑陋。对这种鱼的外观全都是不好的形容。但是由于味道好，它的价格始终很高。鱼类交易市场中，这种鱼始终供不应求。

鬼虎鱼

需要小心处理的高级鱼。

纯白色的鱼肉有很强的弹性，如果鱼片切得比较厚，会缺乏鲜味。但如果切得很薄，然后好几片叠放一起，就能感受到鱼肉略带甜味的美味。很适合搭配柑橘类水果。

资料

分布在千叶县以南的太平洋一侧和青森县以南的日本海一侧。【鲉形目毒鲉科】

季节：春季至夏季。

名称：据说这种鱼以前曾被供奉给丑陋的山之女神，用来安抚她，所以在日语中也被称为“山之神（YAMANOKAMI）”。

食用：无法从外表想象到这种鱼的美味。薄切的生鱼片、味噌汤或者油炸等种种美食，都宣告着濑户内海夏天即将来临。

美味但极难处理

鬼虎鱼栖息于平稳海湾的沙地中。全身如荆棘一样，背鳍有毒，极度危险。据说有人在鱼类交易市场试图打开渔网取出这种鱼时被刺伤，起初没有感到任何异样，但是逐渐开始感到疼痛，以至于最终住院治疗。这是一种美味的鱼，所以初夏时可以在整个濑户内海地区享用到它做成的菜肴，但是负责处理这种鱼的厨师可是会大伤脑筋，麻烦程度从近畿到濑户内海可谓家喻户晓。

喜知次鱼

北方的高级鱼，一不留神吃太多钱包会变空。

用半侧的鱼身肉做成手掌宽度大小的握寿司。尽管尺寸不大但富含鲜味，鱼皮比鱼肉更美味。与酱油搭配不错，但更推荐用柑橘类水果和盐调味。

用海钓的大型野生喜知次做成的握寿司。由于脂肪遍布全身，因此看起来鱼肉成白浊的颜色。在室温下，脂肪会微微融化，浮在鱼肉表面。脂肪甜美、鲜味浓郁，适合搭配寿司饭。

资料

分布在日本骏河湾北部【鲉形目鲉科】

季节：秋季至冬季。

名称：“KINKIN”“MENME”“MEIMEISEN”“KINGYO”。

食用：在北海道产地知床地区，都是将整条鱼下锅煮，然后与橘醋或原味酱油一起食用。其实无须调味，称为“汤煮”。

由于离产区很近，所以自古以来被用于日本关东地区的家常菜

体长约30厘米的深海鱼。日本海中捕获不到这种鱼，但是从茨城县向北，捕获量就会增加。标准日本名“喜知次”是关东附近的茨城县的叫法。自古以来就被用于家常菜，在太平洋一侧的日本东部广为人知。而在日本海一侧的西日本，作为家常菜的红色鱼却是红牛眼鲑。奇怪的是，这两种红色的鱼现如今都站在价格的顶点。鱼皮下有一层胶原蛋白，因此加热时会融化并变甜。

白肉鱼

怒平鲉

过去在日本北方能被大量捕获的红色鱼。

一放入口中就会浓浓融化开，融化的分量大概只是切下的一半的鱼肉。吃到另外一半时，更能体会到鱼肉的鲜美。这种脂肪具有甜味，与寿司饭搭配相得益彰。

资料

分布在日本千叶县内渔港城市铫子以北。【鲉形目鲉科】

季节：秋季至春季。

名称：怒平鲉的种类很多，该种类通常被称为“荒神怒拔”。这个名字源于它通常在浪涛汹涌的北方海域中被捕获。

食用：最重要的是肝和其他内脏。用这种鱼的鱼肝和胃等内脏煮成的味噌汤，能驱赶夜晚的寒气。

白肉鱼

生活在深海到海面之间，眼睛突出、腹部膨胀

怒平鲉有好几种，栖息在所有冷的深海海域，因为身体是红色的，所以也被称为“红色鱼”。第二次世界大战之前和之后，这种鱼都是廉价鱼的代名词，做成鱼肉火锅或者用酒粕腌渍，在一般餐厅都很常见。之后由于仅能在海洋法公约限定的 200 海里专属经济区内捕捞，以及资源的枯竭，逐渐变成了昂贵的鱼。日本主要产地是三陆和北海道。

松原氏平鲉

江户前的海里依然健在的红色深海鱼。

一旦放入口中，圆润甜美的油脂缓缓从鱼肉表面融化至舌尖。它具有浓郁的鲜味，加上寿司饭适中的酸度和甜度，极具完美。

资料

分布在从青森县到静冈县的太平洋一侧的深海中。【鲉形目鲉科】

季节： 从冬季到来年春季。

名称： 当从深海中捕获至海面时，由于水压的突然变化而使眼睛冒出来，因此在日本被称为“目拔”。

食用： 在东京家喻户晓的家常菜用鱼，煮成鱼汤在普通百姓家餐桌上很常见。

一块鱼售价三千日元还感觉很便宜的暴发户心态

栖息在深约500米的海域的大型鱼。包括这种鱼在内的深海红色鲉鱼都被叫作“目拔”，但这种鱼栖息在更南端，是日本关东地区的常见鱼类，至今仍然可以在东京湾捕获。自古以来就很便宜，是“平民味道”的代名词，但近期由于捕获量下降，价格有所上涨。在百货商店里，一块鱼卖到三千日元也还会觉得不算贵，有凌驾于真鲷和蓝鳍金枪鱼之上的气势。遗憾的是，鱼皮有点硬，但是鱼皮本身和皮下的鱼肉有浓厚的鲜味，炖煮是最好的烹饪方式。

汤氏平鲉

完全不华丽的鱼肉，自然也不奢求味道会出类拔萃。

用超过 30 厘米的超大型鱼做成的握寿司。尽管是白肉鱼，仍具有浓郁的鲜味，很适合搭配寿司饭，美味动人。

用半边鱼肉做成手掌宽度大小的握寿司。外观看起来就很漂亮，而且滋味淡雅，是味道重的寿司之间不可或缺的寿司食材。食客们都喜欢的寿司食材。

资料

栖息于从日本海到骏河湾以北的北海道南部的太平洋。【鲉形目鲉科】

季节：秋天到春季。

名称：在新潟县叫“TSUZUNOMEBACHIME”。因为身上的红色，日本名又叫作“赤目张”。

食用：煮平鲉自古以来就是东京家庭餐桌上的家常菜，现在算是稍微奢华的美味。

栖息地有近海也有浅滩，有红色和黑色两种

一般提到“汤氏平鲉”，通常指栖息在浅滩处礁岩区的黑色汤氏平鲉，还有分布在近海海域的这种红色汤氏平鲉。黑色的汤氏平鲉由于捕获量很少，因此不是很为人所知。而红色汤氏平鲉由于生活在近海海域，也被叫作“冲鲉”，这种鱼的捕捞量比较稳定。汤氏平鲉曾经是便宜的鱼，现在却在鱼类交易市场上以高价出售。代表产地是青森县和山形县一侧的日本海。炖煮和盐烤是常见的烹饪方法。汤氏平鲉是东京自古以来的家常菜用鱼。

黑鲉

尽管被称为北国的鲷鱼，但在日本西部也有它的产地。

用日本三陆地区人工养殖的黑鲉做成的握寿司。一入口就能感受到脂肪的甘甜。口感浓郁，在品尝的愉悦中鲜味逐渐涌现出来。寿司饭的酸味与黑鲉鱼肉有着绝妙的平衡。

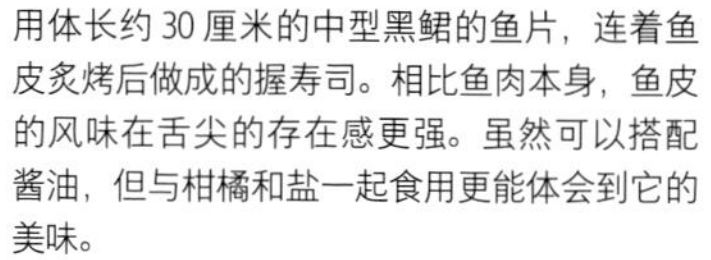

用体长约 30 厘米的中型黑鲉的鱼片，连着鱼皮炙烤后做成的握寿司。相比鱼肉本身，鱼皮的风味在舌尖的存在感更强。虽然可以搭配酱油，但与柑橘和盐一起食用更能体会到它的美味。

资料

遍布日本各地。【鲉形目鲉科】

季节： 秋季至冬季。

名称： 在岛根县叫“KUROBOKA”，在秋田县叫“KUROKARA”。

食用： 味道淡雅的白肉鱼，在日本可以做成美味的鱼汤。在冬天，煮成味噌汤和或者鱼汤都是寒冷产地的常见吃法。

在产卵季节前后味道差别非常大的鱼

在日本各地的礁岩水域栖息。它在九州也能被捕获到，但是由于在北部地区能被更多地捕捞，因此被誉为“北之鲷”。体长超过 60 厘米，而且体重超过 2 千克并不稀奇。体形越大，味道越好，价格也越高。黑鲉在三陆和北海道被人工养殖，在日本北部很受欢迎。

八角鱼

鳞片像黑色坚硬的盔甲一样，但是鳞片之下是白色的肉。

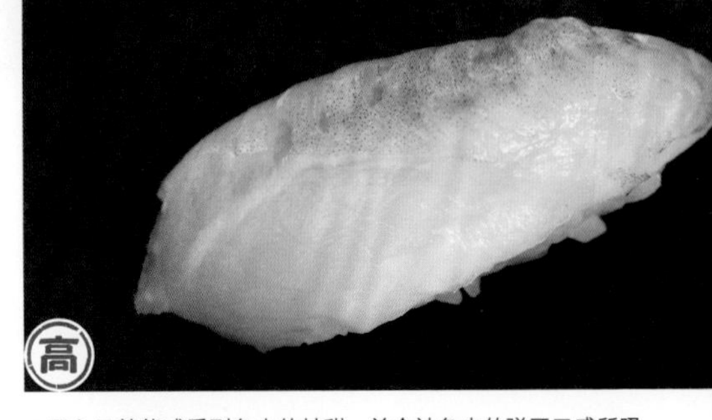

一旦入口就能感受到鱼肉的甘甜，并会被鱼肉的弹牙口感所吸引。之后是浓郁的鲜味。与寿司饭混在一起，在口中慢慢消失，留下持久的余韵，是动人的握寿司。

资料

分布在从青森县至静冈县一侧太平洋的深海中。【鲉形目八角鱼科】

季节：秋季至冬季。

名称：雄性和雌性有不同的名字。雄性是“WAKAMATSU”“KAKUYU”和“TOBIYU”。雌性是“GAGARAMI”“SOBIO”“HAKAKU”。

食用：军舰烧代表着秋天的味道。把鱼腹剖开后，八角鱼的肝脏和味噌混合在一起，与清酒、味醂等一起烤制，是北海道的特色菜。

大鱼鳍的雄性和带卵的雌性，能品尝到不一样的味道

喜欢生活在冷水水域、长约 50 厘米的细长鱼。因为鱼肉切开后的断面形状像八角，所以得以此名。雄鱼的鱼鳍很大，因此它标准日语名是“特鳍”。雄性体形较大，价格昂贵，雌性价格稍微便宜。直到 20 世纪末，这种北海道的当地鱼类经常出现在电视上，才渐渐广为人知。八角鱼的鱼肉具有脂肪的甜味和浓郁的鲜味，令人联想起金枪鱼的大腹肉，遗憾的是价格有些高。

虎河豚

河豚中的河豚，野生河豚是超高级的食材。

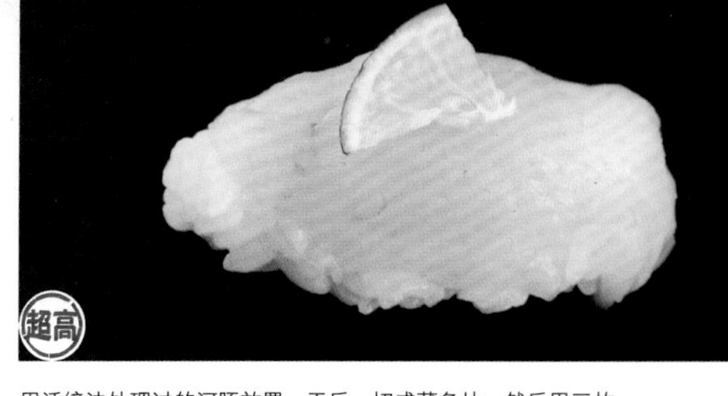

用活缔法处理过的河豚放置一天后，切成薄鱼片。然后用三枚薄鱼片叠放在一起做成的握寿司。放置可让鱼肉的鲜味增加，获得更好的口感。和酱油相比，用柑橘和盐调味味道更好。

天气越冷，雄鱼的精巢（“白子”）也就越大。这是直接用雄鱼的精巢做成的军舰寿司。如同鲜奶油一般的浓郁鲜味，这贯握寿司让人吃的心情舒畅。

资料

从北海道到九州都有。【鲀形目鲀科】

季节： 秋天到冬天。

名称： 在大阪，由于食用处理不当的河豚会中毒死亡，所以叫“铁炮”。但是也因为中毒事件的概率很低，所以也叫作“富（江户时代的彩票）”。

食用： 基本上煮成火锅是最好吃的，但又漂亮又好吃的是薄切的生鱼片。摆盘的时候，鱼皮放置在生鱼片的最中央，但是鱼皮可以食用的河豚数量不多。

只要不是自己烹饪，还算是安全可靠的食物

虎河豚是沿岸海域的大型河豚。这是一种非常昂贵的河豚，人工养殖非常流行。在日本大阪被称为“铁炮”，在九州被称为“棺材”，原因都是如果食用处理不当的河豚会中毒死亡。但是只要经“河豚厨师”处理过，就可安心食用。河豚毒素是一种非常麻烦的物质，其毒性即使通过加热也不会消失。尽管许多河豚的皮肤等部位都有强烈的毒素，但虎河豚的筋肉、精巢及鱼皮都能食用，这在河豚中很少见。

黑鳃兔头鲀

尽管是河豚，但是价格很便宜。最终会进入到回转寿司的行列中吗？

将其放入口中时，首先感受到的是橘醋的味道，然后河豚的甜味才会慢慢涌现出来。柔软的河豚肉适合搭配寿司饭，做成一口就可以吃完的寿司真是太适合不过了。

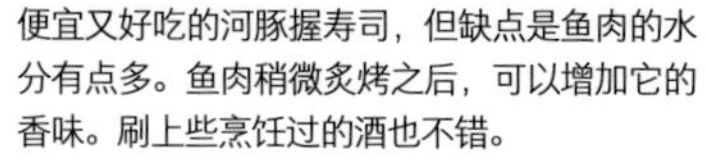

便宜又好吃的河豚握寿司，但缺点是鱼肉的水分有点多。鱼肉稍微炙烤之后，可以增加它的香味。刷上些烹饪过的酒也不错。

资料

从北海道到九州都有。【鲀形目鲀科】

季节：从秋天到春季。

名称：因为新鲜度高时鱼皮会发出金色的光芒，所以被叫作“金河豚”。

食用：因为是捕获量最多的河豚，所以价格便宜。超市里的鱼干和炸河豚就是用这种河豚做成的。总之便宜又好吃。

因群居而被大量捕获，是老百姓都吃得起的河豚

黑鳃兔头鲀是栖息于沿岸海域的中型河豚。在超市中能见到的大多数“炸河豚”和“过夜鱼干”都是这种河豚做成的。在产地也经常被做成简单的火锅而广受欢迎。日本各地都可以捕获到，但其中以山口县萩市捕获的新鲜度最高而尤为著名。筋肉、鱼皮及精巢等都可食用。黑鳃兔头鲀的处理规定比较宽松且价格低廉，登上餐桌的机会不断增多。

剥皮鱼

寿司厨师通过触摸肝脏的大小进行选择。

在鱼肉上放上稍微用热水烫过的鱼肝做成的握寿司。它具有很强的甜味、可口的鲜味，并且鱼肝在嘴中适度融化的口感和鱼肉形成强烈对比，是记忆深刻的握寿司之一。

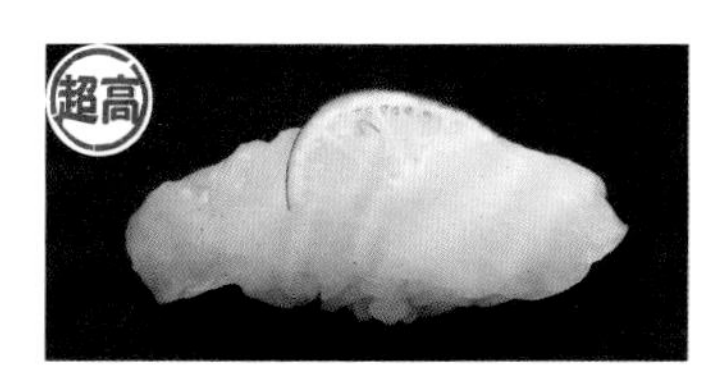

蘸酱油吃固然不错，但是由于它具有优雅细腻的味道，因此寿司厨师经常使用诸如醋橘等柑橘类水果和盐调味。这样的美味让人不禁想要品尝。

资料

分布在北海道至中国东海。【鲀形目单角鲀科】

季节： 秋天到春季。

名称： 大阪叫它“秃”，山阴地区由于在秋天捕获这种鱼来卖钱，用来买正月吃的饼，所以叫作“饼剥”。

食用： 仅肝脏就占了整条鱼一半的价值，有“身体一半，肝脏一半”这种说法。把鱼肝溶在酱油中做成的“肝酱油”，搭配生鱼片非常美味，请务必享用。

不能大量捕获到，但是味道非常好的高级鱼

通常在日本群岛海岸附近能发现约30厘米长的鱼。它的皮肤很厚，需要剥去鱼皮才能做成料理，所以标准日本名叫作“皮剥”。东京湾有很多，是少数可以现在还吃得到的江户前的鱼类。产卵季节是从树木发芽的春季到夏季。产卵季节到来之前，以及返回深海水域的秋天都是享用这种鱼的最佳时令。在秋天，您会看到寿司厨师触摸这种鱼的腹部，检查肝脏大小再购买。肝脏越大价格越高。因为渔获量很小，所以没有固定产区。

绿鳍马面鲀

捕获和处理的方式，对鱼肉的口感的影响很大。

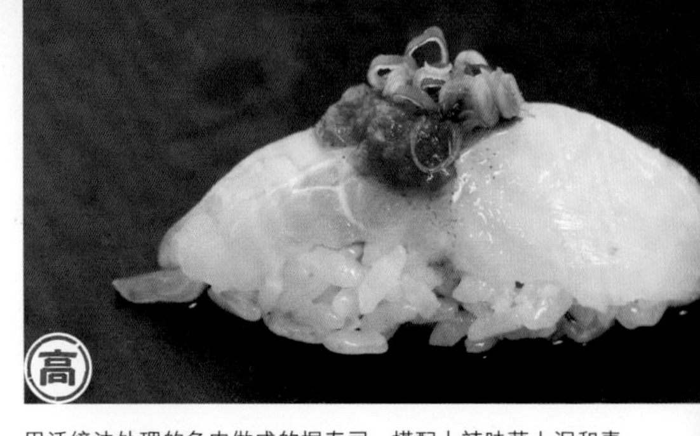

用活缔法处理的鱼肉做成的握寿司。搭配上辣味萝卜泥和青葱，再淋上橘醋。鱼肉清淡的味道与橘醋的酸味能产生美味的鲜味。

活鱼切成鱼片，然后在上面放上炙烤过的鱼肝。相比用热水烫过的鱼肝，炙烤能产生更明显的香味。出乎意料的是能在舌尖感受到鱼肉的鲜味，是一道味道协调非常好的握寿司。

资料

栖息在北海道以南。【鲀形目单角鲀科】

季节：从秋季到春季。

名称：因为它比剥皮鱼更细长所以叫作“长秃”。也因为眼睛上方的有竖起的刺，被叫作“TSUNOGI（角鱼）”。

食用：这种鱼有时会成群结队进入渔网内，因此在日本各地都被做成鱼干。超美味的“剥皮鱼鱼干”就是用这种鱼制作的。

直到高度成长期为止，这种鱼都是高级鱼

它栖息在日本群岛周围的浅水海域，并且比剥皮鱼更喜欢温暖的地方。如今，它作为加工品被大量捕捞，但直到日本昭和 40 年（1965 年）之前都是稀有鱼。现在能够用海底拖网大量捕获到这种鱼，但与海钓的同种鱼相比价格相差很大。作为寿司食材的是用活缔法处理过的绿鳍马面鲀。尽管是高级鱼的一种，但是比剥皮鱼便宜。剥去鱼皮的鱼肉像河豚一样，透明感很强。同样也更适合搭配柑橘和青葱。

鳕鱼

严寒的冬季是食用这种北方鱼的最佳时令。

新鲜度非常高的常磐产的鳕鱼在海带中腌过做成的握寿司。淡雅的鱼肉经过海带腌制，立刻成为外观美丽味道浓郁的握寿司食材。

严寒的时候用乳白色的白子做成的军舰寿司。它具有浓厚的奶油的口感。它富含鱼的鲜甜和鲜味。可与金枪鱼的大腹相媲美的冬季美味食材。

资料

栖息于山阴和常盘以北的太平洋。【鳕形目鳕鱼科】

季节：秋冬至冬季。

名称：因为体形很小被叫作“PON”，但在日本还是通称“鳕鱼”。

食用：因为其清淡的味道风靡全世界。但最美味的吃法是在日本北部用鱼肉、肝和胃袋一起煮成的味噌汤。

用来克服日本北部严冬的活力之源

栖息在北海道和日本东北部被称为“鳕场”的深海冷水海域，是一种上等的白肉鱼，鱼肉、鱼骨以及内脏都可以全部利用，在日本北方的家中通常被做成御寒的鱼汤。此外，鳕鱼还可以被做成“棒鳕”这种鱼干，然后送到京都等地的山间地区，是“山芋棒”这些传统料理的重要材料之一。鳕鱼的精巢被叫作“菊子”或“云子”，是否有精巢会大大左右的鳕鱼的价格。

棘鼬鱼

与鳕鱼没有任何关系的深海鱼。

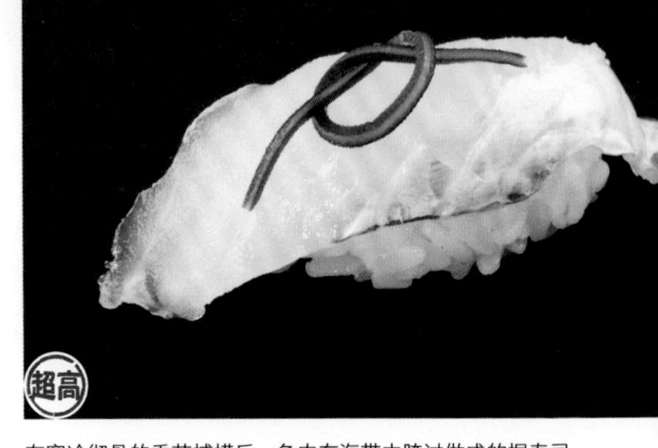

在寒冷彻骨的季节捕捞后，鱼肉在海带中腌过做成的握寿司。海带的味道先入为主，随后棘鼬鱼的鲜味脱颖而出。它是东京自古以来的经典寿司食材。

资料

栖息在日本南部的深海地区。【鼬鱼目鼬鱼科】

季节： 秋季至冬季。

名称： 在富山县，由于这种鱼的分类不清楚，因此被称为“NANDA”。它在某种程度上类似于淡水鱼，所以也叫作“海鲶鱼”。

食用： 炖煮或烤制的味道平平无奇，通常与海带一起蒸或煮。

知道“棘鼬鱼”这个名字的人并不多

棘鼬鱼栖息在骏河湾和富山湾以南的深海，长约 70 厘米，是鼬鱼科中唯一的可食用鱼。它是鱼类交易市场中的高级货，但知道的人并不多。只有大型的棘鼬鱼才昂贵，小型的比较便宜。原因是棘鼬鱼通常都是用海带进行腌渍后做成生鱼片。把鱼肉从鱼骨上拆下后，肉质紧致且有厚度的 1 千克左右的鱼肉，价格会急剧上升。

小银鱼

在日本江户时代曾被献给德川将军家。

用生鲜的小银鱼做成的军舰寿司。口感极佳，味道稍微带有苦味，可用山葵或生姜调味。

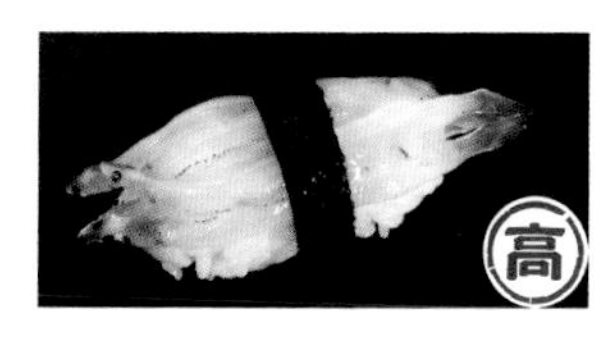

生鲜的小银鱼用冷盐水洗过后，再用海苔带捆在寿司饭上。紧绷有弹性的口感和独特的口味，是非常美味的一贯握寿司。

资料

分布在熊本县、濑户内海和冈山县以北。【胡瓜鱼目银鱼科】

季节： 秋天到春季。

名称： 全日本范围都叫它“银鱼”。但是，经常被误认为是“虾虎鱼科”的鱼。

食用： 直到最近才开始生食。在过去，通常将其炖煮或者做成日本高汤。非常适合搭配鸡蛋，“滑蛋银鱼”是绝对的美味。

在东京湾无法捕获到这种鱼真是非常可惜

栖息在内湾，在春季在产卵期从河口逆流而上。体长小于 10 厘米的小鱼。由于内湾的开发和污染，这种鱼的主要捕捞区域离消费区域越来越远。在江户时代，歌舞伎“三人吉三巴白浪”中提到过这种鱼“月色朦胧，小银鱼……”。在江户前，最好的小银鱼会献给德川将军家。小银鱼被誉为岛根县的宍道湖的七珍之一，代表产地有北海道、青森县、茨城县等。它在夏天消失，随着深秋的到来，会渐渐出现在寿司盒中。

日本鳀鱼幼鱼

生食这种鱼的地方越来越少了。

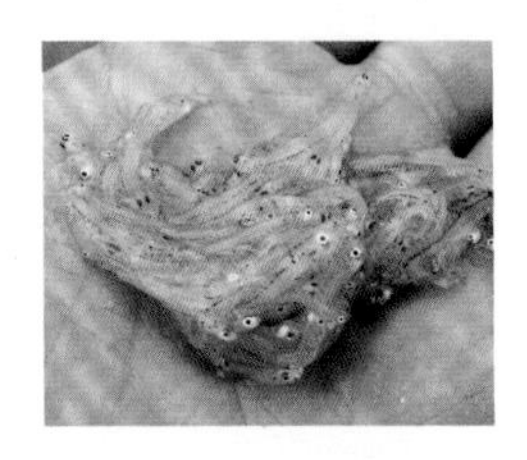

用鲜鱼做成的军舰寿司已经是经典菜。由于体内含有很多的水分，所以一旦做好就要尽快食用。浓郁的滋味和微苦的口感，搭配清爽的寿司饭相当美味。

盐煮鳀鱼幼鱼做成的军舰寿司。搭配青葱以及姜汁，或搭配蛋黄酱，各家寿司店都有各自的做法。图中是蘸柑橘汁的基本款。

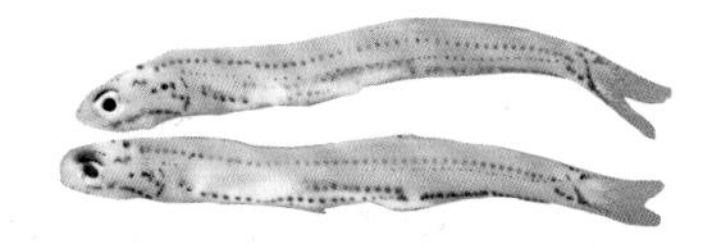

资料

分布在日本群岛的沿海地区。【鲱形目鳀鱼科】

季节： 秋季至次年春季。

名称： 高知县的“DOROME”。

食用： 盐水煮后沥干水分的被称为“釜扬”，稍微干燥的“SHIRASU 鱼干”，而经过强烈日晒干燥后做成的鱼干“CHIRIMEN”，主要在西日本地区生产。

“海洋中的草食性动物”，总是被大鱼当成猎食目标

鳀鱼的幼鱼。令人惊讶的是，这种鱼的日本名字“SHIRASU”是一个描述鱼类生长阶段的词语。之所以这样称呼它，是因为它在鱼苗阶段身体中没有色素，是透明的，但死后会变成白色。各种鱼的SHIRASU都可以食用，但是在日本通常说到SHIRASU，就是指鳀鱼的幼鱼。在产卵季节的春季和秋季可以被捕获两次，所以渔民分别以“春子”和“秋子”来命名。代表产地是爱知县、静冈县、内海濑户等。体形越小则越贵，是做寿司的上等食材。

玉筋鱼

日本各地点缀春天的一道风景。

兵库县明石市的特产“KUGI 煮”是江户前寿司厨师把这种鱼卷在寿司饭中，再用海苔包裹做成的寿司卷。黄瓜也被包入其中，吃完之后的余味令人难忘，一旦吃起就停不下来。

明石海峡宣告着春天到来的玉筋鱼捕鱼船。

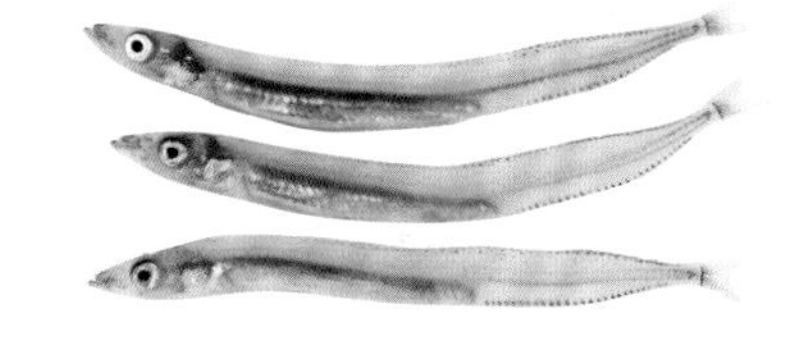

资料

栖息地从北海道到中国东海。【鲈形目玉筋鱼科】

季节： 秋季至春季。

名称： 东京叫作“小女子”，因为它类似梭子鱼，又叫作“梭子鱼之子”。九州地区则称之为“金钉”。日本东北地区把大型的玉筋鱼叫作“女郎人”。

食用： 濑户内海的春季一到来，就开始捕捞玉筋鱼。一旦被捕获，就会有很多人排队去买，回家后做成“KUGI 煮”。

较小的鱼价格比较高，大一些的通常作为其他养殖鱼的食物

栖息在日本群岛内湾的沙地水域上，体长约 25 厘米的细长鱼。炎热的夏天来临之时，它有潜入沙地夏眠的习惯，有时天气太冷，也会潜入沙地。春天刚孵化的幼鱼会在海湾内大量出现，它既不是沙丁鱼的幼鱼，也不是黄甘鱼的幼鱼，“到底是什么鱼的孩子呢”，久而久之就被简化为“IKANARUKO”（日文发音意思为“什么鱼的孩子呢”），也就渐渐变成了现在的玉筋鱼日文名字发音。把这些小鱼煮过以后做成“釜扬”，煮过之后再晒干，就变成“CHIRIMEN”。

一张图记住这些鱼

能作为寿司食材的海鲜种类如此繁多，要想记住就需要一些技巧。您可以通过这张“鱼类和贝类图”来帮助记忆。

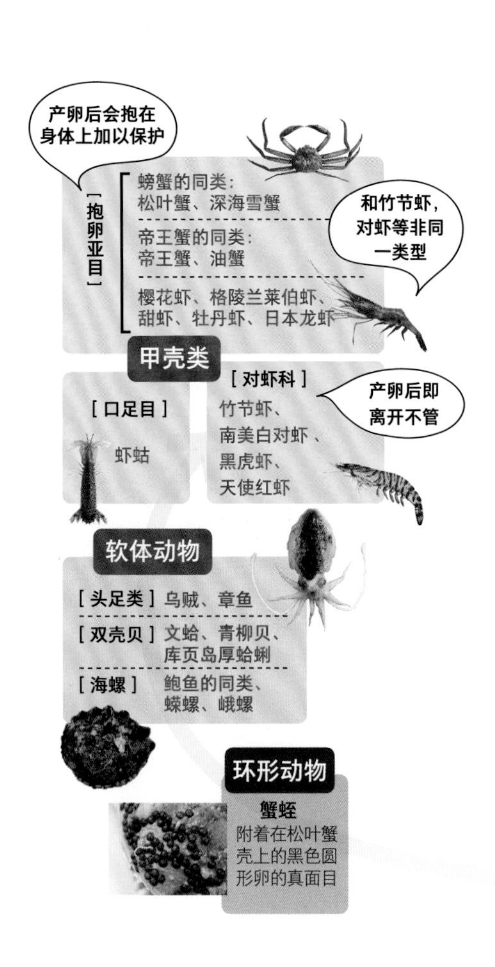

图的最下方是原始物种，越往上则越高等。实际上，您可以完全忽略这种动物分类学上的思维逻辑，但是我也希望您可以把这种逻辑运用在购物中。例如，“海胆类比贝类更接近鱼类”，或者“海胆和虾类和蟹类都有距离”。一旦这么思考，混沌的寿司世界一下就清晰了。

墨乌贼

沾满了墨汁，
看起来很好吃。

用已切过纹路并且稍微在热水中汆过的乌贼做成的握寿司。寿司食材准备的基本步骤之一，由此来增强透明度，并提高甜度和鲜味。

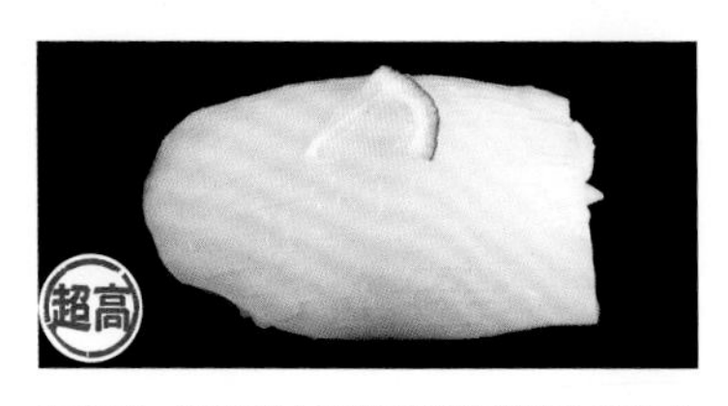

在东京，初夏新上市的乌贼的价格高的让人瞠目结舌。甜味和鲜味都偏清淡，一旦入口发现极其柔软，吃完让人意犹未尽，但是作为握寿司有着接近理想状态的平衡口感。

资料

分布在关东以西。【乌贼目乌贼科】

季节： 寿命为一年。生长阶段全部都是当令时节。

名称： 乌贼中味道最好的叫作“真乌贼”。头部看得见部分有针的叫作“针乌贼”。

食用： 高档乌贼通常做成生鱼片，但实际上，许多人说“过夜干燥后的乌贼味道更浓郁美味”，我也完全赞同这样的观点。

东京湾以西有产地，但是东日本和西日本地区处理的方法不一样

乌贼是从贝类进化而来的生物。这种乌贼身上有甲壳，通常栖息在相对温暖的内海湾区域。产卵季节是从春季到夏季，南部的话会稍微更早。因为它在产卵后死亡，寿命为一年。身体内有大量的墨汁，当它兴奋时，会喷射出墨汁。关东地区喜欢被墨汁覆盖的乌贼，而在关西地区，会仔细清洗后去除墨汁。夏天，刚孵化后，乒乓球大小的乌贼叫“新乌贼”，而在寒冷季节体形达到顶峰，并在次年初夏终结生命。

纹甲乌贼

大型甲壳类乌贼，味道也很丰富。

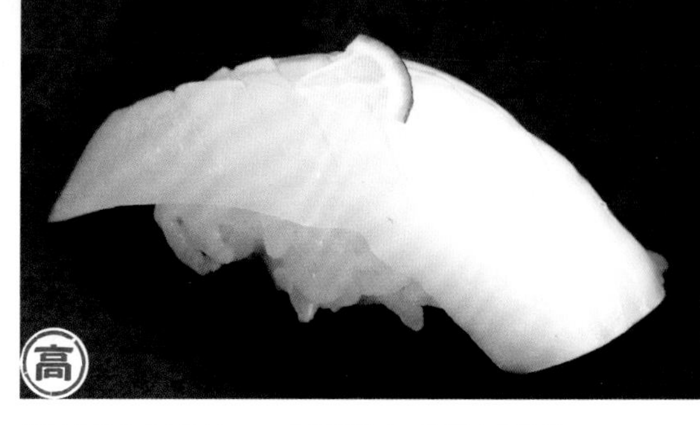

纹甲乌贼的肉质厚实，口感甘甜适中，味道丰富饱满，回味无穷，让人吃完之后忍不住想再追加几贯握寿司。

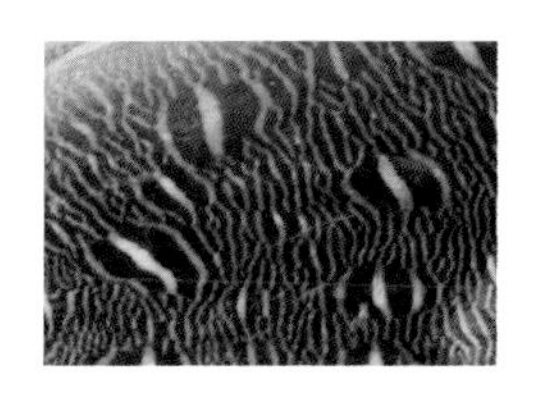

新鲜度好的话，身上有猫眼状的花纹，一碰花纹就会动。

资料

栖息地在房总半岛以南，在西日本部很常见。【乌贼目乌贼科】

季节：秋天到春季。

名称：在日本高知县因为个头大、味道好被称为“真乌贼”。

食用：属于大型乌贼，一旦煮过口感就会稍微有点硬。土佐的渔夫说，用黄油烤过之后再淋上生酱油，做成这样的配菜才好吃。

“纹甲乌贼”最初泛指乌贼、章鱼等软体动物，现在成为进口货的代名词

栖息在日本的内湾中，长度超过 30 厘米并的大型乌贼，身上的猫眼形纹是主要特征。这种乌贼从春季到初夏产卵，寿命为一年，生长速度惊人。在日本关东地区不为人熟悉，但在西日本地区却很受欢迎，以至于从非洲和其他国家进口的大型甲壳类乌贼都会被混乱地冠以“纹甲乌贼”的名字。其实需要澄清的是，所谓“纹甲乌贼”其实指的是这种乌贼。

拟乌贼

乌贼中口味和价格都是最高的。

切成寿司用的乌贼肉质厚实，相当有分量。它的味道甜美，回味悠长。这种软硬适中的口感，非常适合搭配寿司饭，味道无愧于乌贼之王的称号。

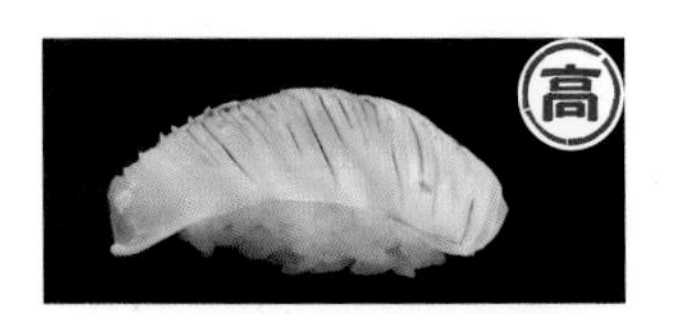

已切过纹路并且稍微在热水中汆过的乌贼肉，在表面迅速刷上甜酱汁。不可思议的是，肉质的透明度增加，鲜味也随之增强。这项江户前的传统技艺得以延续至今。

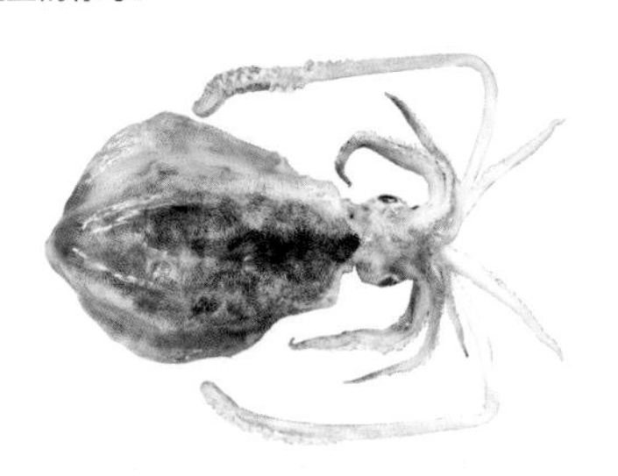

资料

栖息在北海道南部以南地区。【管鱿目枪乌贼科】

季节：大型乌贼的最佳时令是从春末到夏季。根据产地不同，最佳时令也有差异。

名称：由于长得像植物芭蕉的叶子，被叫作“芭蕉乌贼”，也因为它的身体像水一样的透明，被叫作“水乌贼”。

食用：山阴、长崎等地区制作的干乌贼是产量稀少的珍品。值得特地渡海去隐岐或五岛列岛购买。

价格、口味和体形都是乌贼中的王者

这是一种从北海道南部到热带广泛分布的大型乌贼，重约 4 千克。从春季到秋季初，产卵期很长，因此一年四季都能获得的美味食物。近年来，拟乌贼大致被分为三种不同类型，但是鱼类交易市场上并没有具体区分。这种乌贼的标准日本名是“障泥乌贼”，是由于这种乌贼的形状很像马具中的挡泥板“障泥”，所以得以此名。乌贼味道的决定性因素是甘氨酸的含量，甘氨酸是一种让人感到甜度的氨基酸。拟乌贼中的甘氨酸含量是所有乌贼中最多的。

枪乌贼

天气越冷越美味的冬季乌贼。

秋天一上市就进货的枪乌贼，煮过之后在体内塞满寿司饭。这在江户前被叫作“印笼”。柔软口感带着乌贼的鲜味，是一款雅致的握寿司。

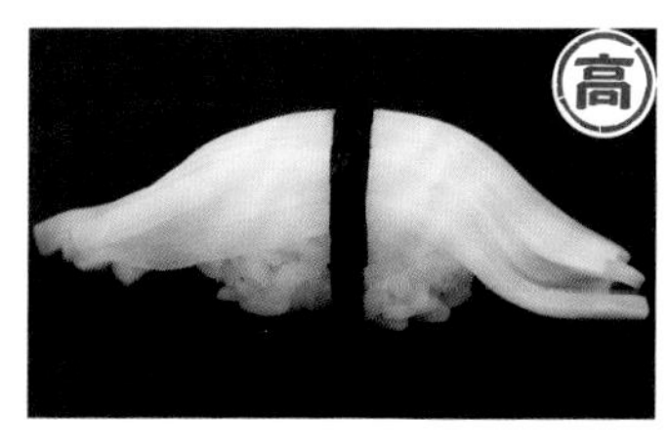

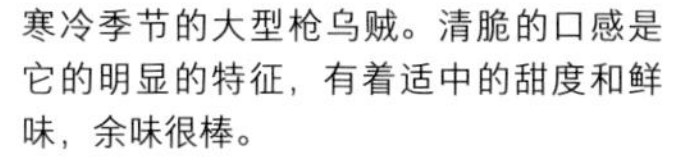

寒冷季节的大型枪乌贼。清脆的口感是它的明显的特征，有着适中的甜度和鲜味，余味很棒。

资料

分布在北海道到九州。【管鱿目枪乌贼科】

季节：秋天到春季。

名称：因为外形像竹叶，被叫作“竹叶乌贼”。因为也像一把枪，所以也叫作“枪乌贼”。

食用：身体边缘和左右两侧的三角形称为耳朵或鳍。喜欢吃枪乌贼的人最先吃的就是这个部位。用这个部位做成的刺身口感清脆又充满鲜味。

带卵的雌乌贼和体形巨大的雄乌贼，有着不同的风味

栖息在超过 100 米的深海中，以追逐群居的小鱼为食。从春季到初夏产卵，夏天可以看到小乌贼，从秋天到冬天生长迅速，在第二年春天成熟后产卵，并在产卵后死亡。这种乌贼在关东地区很受欢迎，但是关西地区受欢迎的是“白乌贼”（标准日本名叫“剑先乌贼”）。自从夏天出现的小乌贼开始，它已经以各种方式被烹饪和食用。随着它们的生长，雄乌贼比雌乌贼体形大很多。冬季带卵的雌乌贼，春季的雄性大乌贼都是时令美味。

剑尖
枪乌贼

**甜度最高的
高级乌贼。**

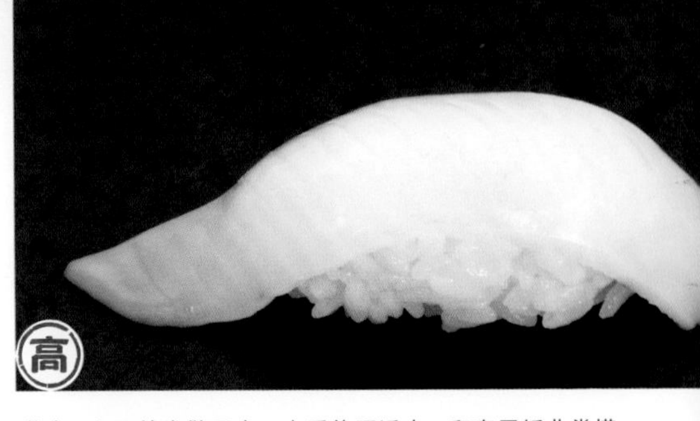

甜味一入口就发散开来，肉质软硬适中，和寿司饭非常搭配。即使与寿司饭混合，也能明显感觉到甜味和鲜味，残留在舌尖的余甘也令人难忘。

用火轻轻炙烤乌贼须做成的握寿司。即使生吃就已经很美味，但是炙烤后的甘甜香气浸入鼻腔，只有乌贼须才有的强烈口感。甜味饱满，是让人印象非常深刻的握寿司。

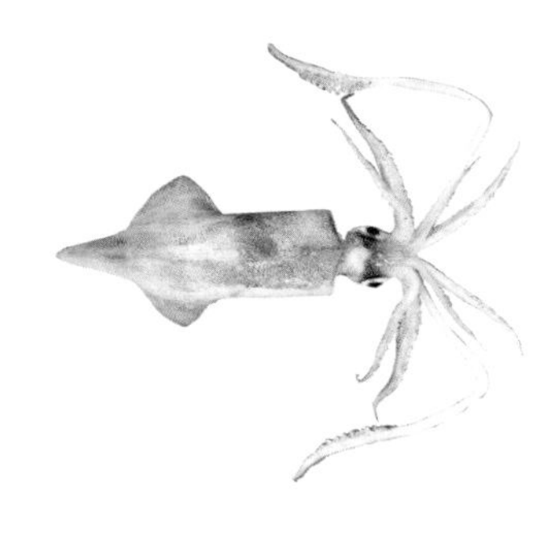

资料

栖息于青森县以南的日本海和本州中部以南的太平洋。【管鱿目枪乌贼科】

季节：产卵季节长，因此一年四季都可以品尝得到剑尖枪乌贼的美味。夏天是鼎盛时期。

名称：山阴县等地叫“白乌贼”，关东叫“红乌贼”。日本九州的五岛列岛周边盛产这种乌贼，所以也叫作“五岛乌贼”。

食用：用这种乌贼做成的鱿鱼干非常好吃，被誉为“第一鱿鱼干”。它是超高级品，日本国内产的极为稀少。

主要产地从日本九州北部到山阴，是西日本地区的乌贼

在温暖的海域比枪乌贼更常见，在九州和山阴地区非常受欢迎而大量被捕获。尽管能在关东及日本其他各地被捕获，但它还是在西日本相对更常见。在关东地区被称为“红乌贼”，在关西地区被称为“白乌贼”。由于像这样日本东西部地区命名上的差异，还有另外一种标准日本名叫作“赤乌贼”的乌贼，常常会造成混淆。

雏乌贼

在江户时代被认为是乌贼的幼子。

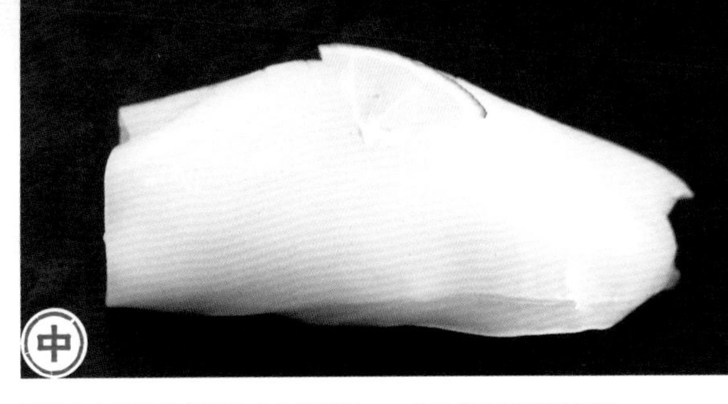

用两枚小型的雏乌贼做成的握寿司。一入口舌尖就能感受到它肉质的柔软。清淡的口感与寿司饭搭配，表现完美。

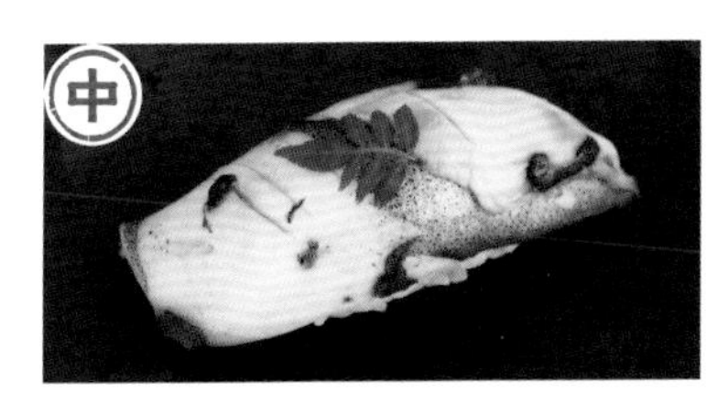

在酱油、清酒和砂糖的酱汁中稍微煮过之后做成的握寿司。由于还连着皮，外观可能差强人意，但是味道确实一流。这样的美味，人们忍不住会留意寿司店的透明食材盒中还剩下多少。

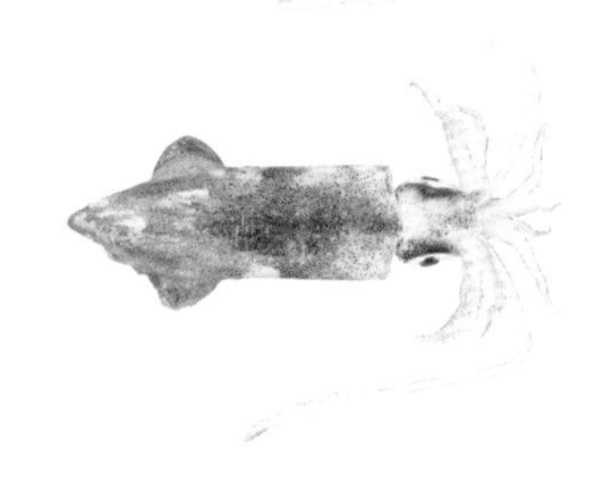

资料

栖息地从日本的北海道到九州。【管鱿目枪乌贼科】

季节： 秋季至次年春季。

名称： 通常被称为“小乌贼”。

食用： 一只手就可以握住四五条，可见它的体形有多小，通常都是整只下去煮或烤了吃。撒些盐再烤制，是最推荐的吃法。

因为它很小，过去人们以为它是乌贼的幼子

日本内湾附近常见的小型乌贼。江户时代的《鱼鉴》有“此乃雏乌贼，即乌贼之子”的记载，似乎被认为是乌贼的幼子。江户时代，日本桥附近的鱼类交易市场有大量捕捞的雏乌贼出售。江户医生竹井周作称赞其“味尤美”，因为它既美味又便宜，因此似乎是平民百姓的食物。雏乌贼至今在整个日本都能捕捞到，并且价格仍然合理。

鲳乌贼

日本国内捕获量最多的美味乌贼。

一种用寿司饭填充乌贼体内的叫“印笼”的寿司，是由初夏在相模湾捕捞的手掌大小的“麦乌贼”与清酒、砂糖和酱油一起煮制而成的。味道香甜，又略带些乡土风味，适合搭配清爽的寿司饭。

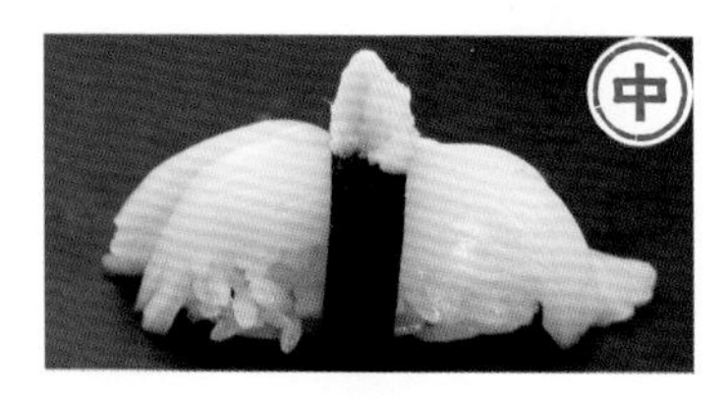

将厚一些的乌贼切成两半，然后切得像素面一样细。稍稍缺乏鲜味的乌贼，一旦切成素面的形状鲜味就迅速提高，味道浓郁，和寿司饭是绝妙的搭配。

资料

栖息于日本附近的东中国海。【管鱿目枪柔鱼科】

季节： 由于三个不同种群的产卵季节不同，因此全年味道都不错。

名称： 典型的乌贼叫作“真乌贼”，体形小一些的叫“蔷薇乌贼”“麦乌贼”。

食用： 东伊豆地区的特色菜是“乌贼杂炊”（乌贼炖粥）。是在煮过的饭中加入乌贼的身体、触须和内脏，然后用酱油、味醂和鲣鱼干调味后继续煮，再混入米饭和鸡蛋做成，是寒冷冬日温暖全身的美食。

捕捞乌贼渔船的灯光　照亮夜晚日本海的海面

这种乌贼在日本群岛附近不断洄游。捕获量最多的地方是日本海和北海道。夜幕降临的时候，渔船点上集鱼灯用来吸引乌贼，并使用小鱼一样的假鱼饵来吸引它们上钩。据说从空中向下看，日本海的海面都能被集鱼灯的灯光照亮，由此可见捕捞规模的壮观。这种乌贼可大量捕获，全年供应稳定，价格波动不大。自古以来“煮乌贼”就最适合用来当作寿司食材。

菱鳍乌贼

随着热带暖流而来的巨大乌贼。

用冷冻乌贼解冻后做成的握寿司。即使切得很厚也很柔软，能感觉到恰到好处的甜味。分量十足的寿司食材，能让人获得满足感。

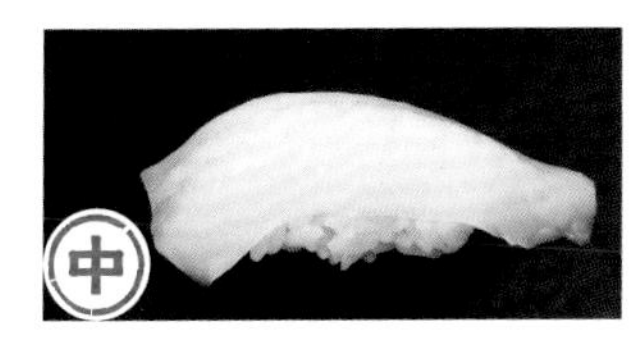

把乌贼肉切成薄片再切些纹路做成的握寿司。虽然口感稍微有点硬，但味道绝对不差。不过，甜度和鲜味都差一点点，算不上高档食材。

资料

分布在世界各地的温带和热带海域。【乌贼目菱鳍乌贼科】

季节： 全年。

名称： 冲绳地区叫“SEICHA”，山阴地区叫“TARUIKA”。

食用： 有的寿司店，把用剩的袖乌贼切成细丝，撒上盐和胡椒，用黄油烤，烤到差不多的时候再用酱油调味。烤得滋滋作响，再铺在寿司饭上面。这就是“寿司店的员工盖饭”之一。

鱼类交易市场很多的乌贼都叫作“红乌贼”

就日本本土的渔获量来言，冲绳是第一位，紧随其后的是山阴县和鸟取县。这是体长超过一米多，重 20 千克的巨型乌贼，随着热带的暖流而来，之后洄游到日本本州附近。令人惊讶的是，即使体形如此巨大，它的寿命也只有一年。这些巨型乌贼陈列在鱼类交易市场上的景色十分壮观。但是作为食用乌贼味道却很普通。生吃时很难吃，但是冷冻之后再解冻，肉质柔软又好吃。在市场上流通的菱鳍乌贼被称为“红乌贼”，甚至在寿司店，被叫作“菱鳍乌贼”听起来也很奇怪。

荧光乌贼

在日本海发光的乌贼
宣告了春天的来临。

把身体饱满的荧光乌贼用海苔固定在寿司饭上。虽然有些寿司师傅会犹豫要不要把这种不用花工夫的寿司提供给客人享用，但即使这样，荧光乌贼的味道也非常浓郁，作为寿司食材非常优秀。

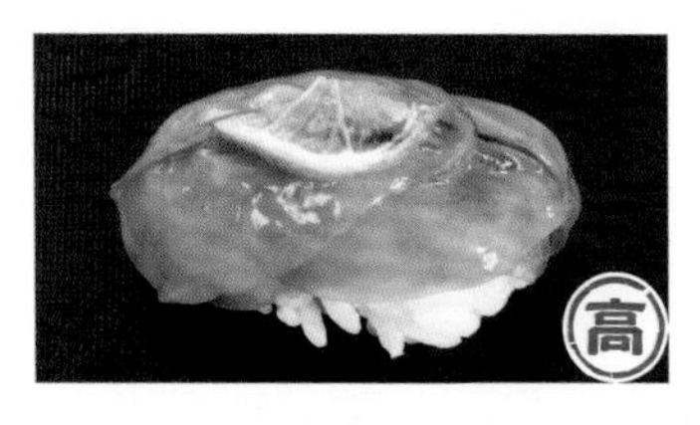

在过去，它被整只地做成握寿司，但现在是用除去内脏后的乌贼做成寿司。虽然是小乌贼，但因为是带皮的，所以味道很好。柔软的口感和寿司饭非常搭配。

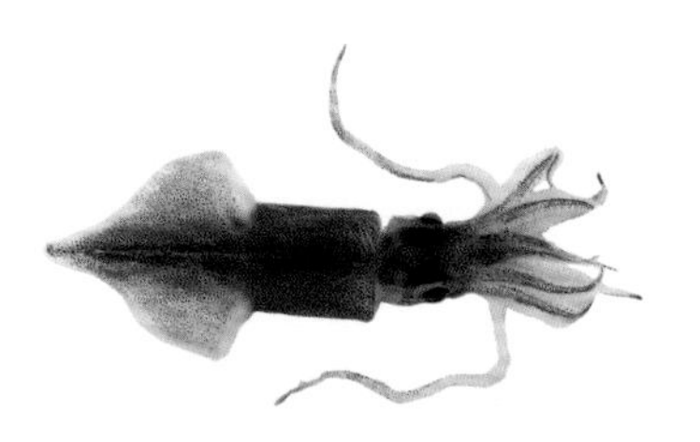

资料

栖息在日本本州以北的鄂霍次克海。【枪形目荧光乌贼科】

季节：春季。

名称：以前被用作肥料，所以叫作“肥料乌贼”。

食用：捕捞后的乌贼从山阴到三陆的港口卸下后，用热水烫熟后出货。每个港口都有烫煮荧光乌贼的高手，对自己做出的好味道引以为豪。

日本海春天的一道风景线，这些发光的乌贼也是观光资源

栖息在日本群岛周围的小乌贼。它体内具有特殊物质，具有发光的特征。它的标准日本名是由明治时期的动物学家渡濑庄三郎博士取的。虽然在产地被称为“肥料乌贼”，但现在一般使用标准名。初春从山阴开始捕捞，在富山湾捕捞时是最鼎盛的时期。因为在其体内发现了一种叫作旋尾线虫的寄生虫，所以取出内脏之前不能生吃。

火枪乌贼

濑户内海的小型高级乌贼。

烹饪这种乌贼时，注意力不能离开锅，要煮得恰到好处，才能做成握寿司。火枪乌贼口感柔软，内脏特有的鲜味，和寿司饭是绝配。余味甚佳，是无论多少都能吃得下的极品握寿司。

不去冈山县等产地就吃不到生鲜火枪乌贼。虽然个头不大，但甜度很浓郁，连皮一起吃口感也很好。

资料

栖息于日本的濑户内海，有明海和中国东海。【管鱿目枪乌贼科】

季节： 春季至初夏。

名称：“CHICHI 乌贼”或者“BEKO”。

食用： 春天新长出的山椒的嫩芽和醋味噌和火枪乌贼拌在一起，是濑户内海地区的常见吃法。火枪乌贼搭配山椒嫩芽和醋味噌，也会在日本女儿节被食用。

在濑户内海用传统的手拉网捕捞

在日本内湾的淡水和海水的混合水域栖息的小型乌贼。用手拉网或小型的固定渔网捕捞。濑户内海周围地区，有利用小型海鲜做成美味，历史悠长的传统饮食文化。这种春季乌贼就是美味之一。除了直接用作寿司食材外，在冈山等地区还可以稍微烫过，和海带一起做成握寿司。

白斑乌贼

在日本是体形最大的甲壳类乌贼。

以为巨大的体形并没有让肉质偏硬，反而出乎意料地柔软。看似味道平平，其实却在淡雅中透出的适度的甜味。热带地区的高档寿司食材之一。

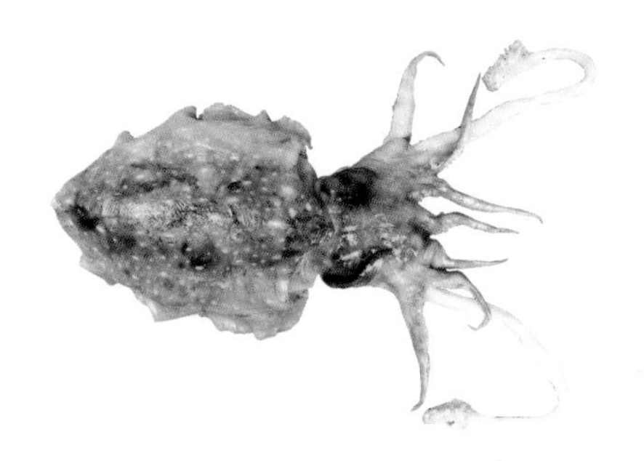

资料

分布在从九州南部到琉球群岛。【乌贼目乌贼科】

季节：夏季至秋季。

名称：冲绳县八重山市叫“KUBUSHIMIYAA”，宫古县叫“KUBUSHIMIYA”。

食用：白斑乌贼体内可以获得大量的墨汁，这也是它的标准日本名“大墨乌贼”的名字的由来。冲绳的特色菜是乌贼墨鱼汁汤。在纯黑墨汁汤中加入泡过的辣椒一起食用。

为了争夺雌乌贼打斗，体形像巨大的岩石

生活在珊瑚礁附近的大型乌贼，水温下降时会开始产卵。雄乌贼为了争夺地盘，围绕雌性展开激烈的斗争。在冲绳地区，它通常被用来制作著名的乌贼墨汁汤，但生吃乌贼切片，味道也甘甜可口。冲绳和奄美就只有白斑乌贼、拟乌贼和袖乌贼三种。其中的白斑乌贼和拟乌贼算是上等的寿司食材。

章鱼

至今仍然是江户前东京湾的最好吗？

用市场上贩卖的日本国内煮章鱼做成的握寿司。现在寿司店已经很少做煮章鱼了。日本产章鱼的香味浓郁，略带甜味。口感强烈，嚼起来也恰到好处，和寿司饭融合在一处。

用酱油调味做成的樱花煮。它既甜又咸，能够更加感觉到章鱼的鲜味。和寿司饭爽口的酸味、与甜味绝妙地结合在一起。

资料

在日本分布在茨城县、能登半岛以南。【八腕目章鱼科】

季节：冬季味道最好，而渔获量的高峰是夏季。

名称：全日本范围内都叫“章鱼”“真章鱼”，但在日本海捕获不到。

食用：最美味的吃法，就是兵库县明石市的特色菜“章鱼煎蛋”，这是浇满鸡蛋汁的章鱼烧的原形。章鱼和鸡蛋的搭配味道超群。

日本产章鱼变得越来越豪华，价格也越来越高

栖息在相对温暖、多岩石的海域中。最喜欢以龙虾这些虾蟹类为食。产卵季节是从初夏到秋季。产出的卵让人联想到紫藤花的样子。雌性章鱼保护卵。通常用捕章鱼的陶罐或者海钓的方式捕获。并且大多数都在卸货港烫熟后再出货。因此，常见的都是用水烫过的章鱼。煮熟后的章鱼，毛里塔尼亚等非洲国家产的是赤红鲜艳的颜色，而日本产的则是暗淡的红豆色。

北太平洋巨型章鱼

最大的章鱼，就算摆放在鱼类交易市场上的章鱼腿也很大。

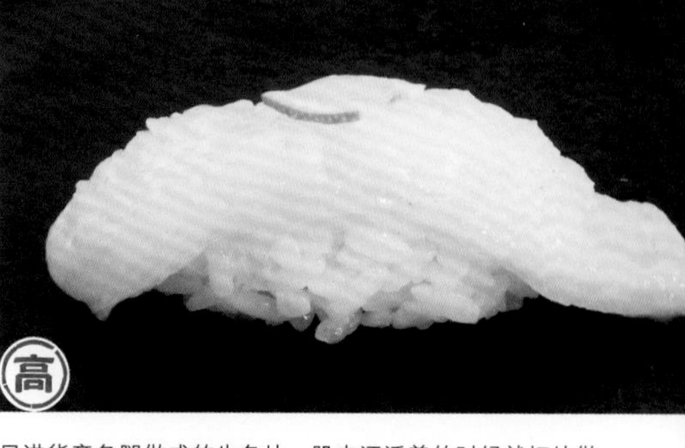

只进货章鱼腿做成的生鱼片。肌肉还活着的时候就切片做成握寿司，章鱼腿还会在寿司上微微蠕动。有着鲜嫩的味道和强烈的口感。推荐搭配柑橘类水果和盐。

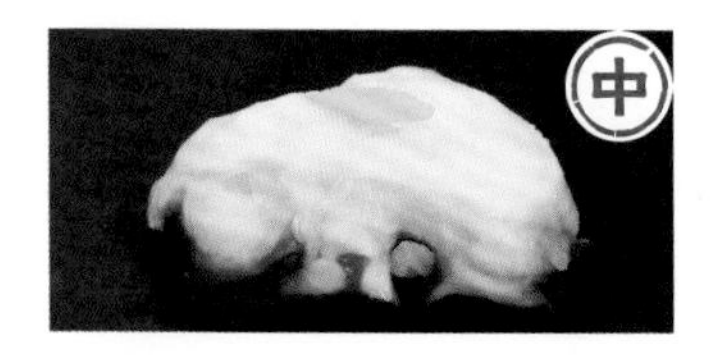

市场上贩卖的煮过的章鱼。确实没有像“真章鱼”那么鲜甜，但肉质柔软且富含水分。许多寿司厨师说，柑橘类水果和盐，比酱油更合适调味。

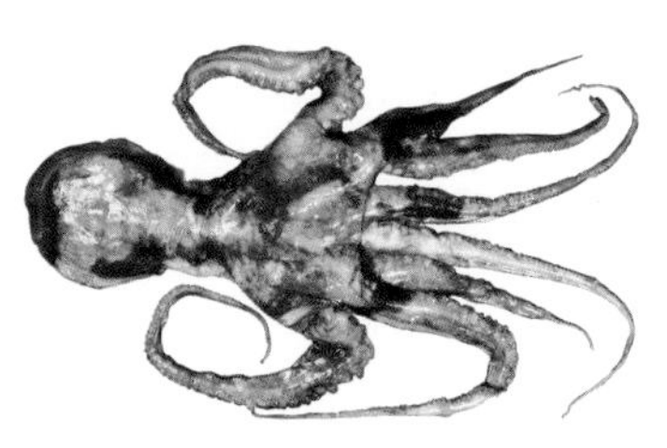

资料

分布在日本海、相模湾以北的太平洋上。【八腕目章鱼科】

名称： 是世界上最大的章鱼，所以叫作“大章鱼”。

食用： 因为短时间内就能煮熟，所以经典菜有“涮章鱼片”。章鱼切片后在海带高汤中涮一涮，搭配橘醋食用。

在鱼类交易市场比章鱼还要广的北国章鱼

在寒冷的水域中栖息，体长达 3 米以上的巨型章鱼。随着“真章鱼”数量的越来越少，它是日本章鱼的新宠。用海钓、铁笼或者木箱都可以用来捕获这种章鱼，但是由于它体形巨大，钓鱼如同一场格斗。这种章鱼通常作为生鲜品直接流通，而不是煮熟后再流通。尽管据说它水分偏多并且味道一般，但是柔软的口感很适合用于火锅、新鲜切片和意大利生章鱼薄片。因为味道浓郁，所以生鲜品的交易价格都不低。

米章鱼

长得像饭粒一样的章鱼卵比章鱼本身更重要吗？

用雌章鱼做成的江户风味的甜煮章鱼，美中不足的是不适合搭配寿司米饭，但是章鱼卵的甜度和温度却能把口感推到极致。

用雄章鱼做成的樱花煮，有时比雌章鱼的味道更胜一筹。虽然味道没有章鱼卵那么明显，但是却能感受到白子的甘甜。

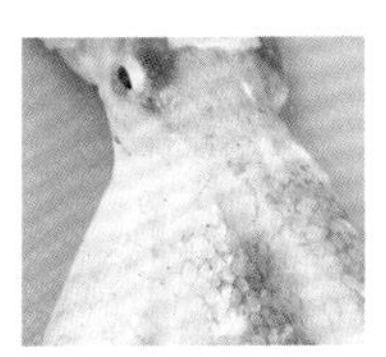

米章鱼的身体特征是肩部金色的环。

资料

分布在北海道南部以南。【八腕目章鱼科】

季节： 秋天到春季。

名称： 雌章鱼才是主要角色，因此也被称为“子持章鱼”。

食用： 不管怎么说，关东煮的米章鱼特别好吃。章鱼被慢慢煮软，酱汁中酱油的鲜味渗透至章鱼肉中，是热过的日本酒的下酒好菜。

这种章鱼的主角是带卵的雌章鱼，价格比雄章鱼高很多

栖息于日本内海湾浅水水域的普通小型章鱼。伸开的左右章鱼腿有像金环一样的颜色，显得格外漂亮。食物是内湾沙地等地的青柳和血蛤等。利用其发现贝壳后就躲进去的习性，将贝壳当作捕米章鱼的陶罐，从日本绳文时代开始就有这种传统的捕捞方式。也可以通过底部拖网捕获。产卵季节是春天，因此能捕获到带卵的雌章鱼的冬季至春节是渔获的最高峰。典型的产区是濑户内海和爱知县。基本的做法就是炖煮。

日本经典的海鲜

日本各地的名产海鲜，写也写不完

海胆和螃蟹从俄罗斯进口，鲑鱼类从南美的智利和北欧进口，虾和鲍鱼从世界各地进口。人工养殖的水产品也增加了，食材的地域性逐渐消失。

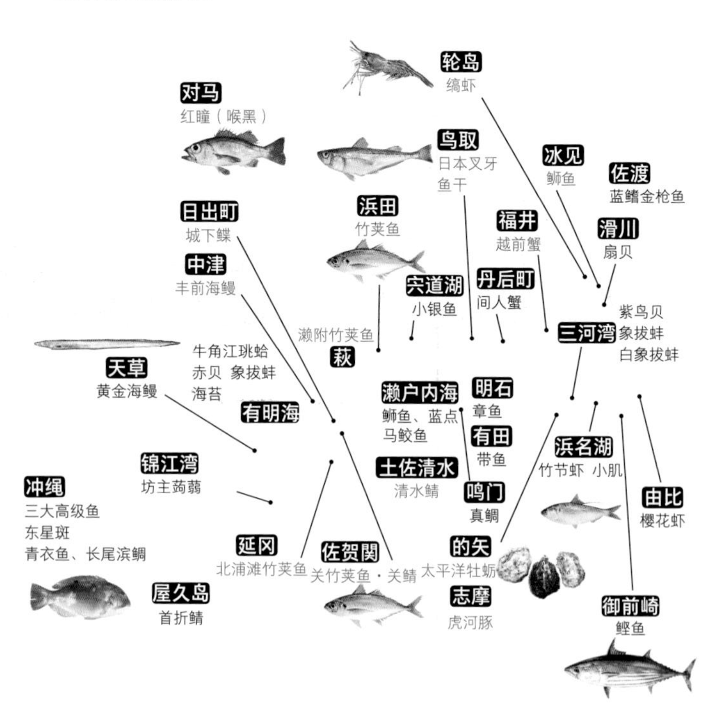

尽管如此，东西狭窄，南北狭长的日本，海鲜资源丰富，种类繁多。

还有很多海鲜品种以地方命名。例如宫城县名取市閖上地区的血蛤、三河湾的黄鸟贝、羽田的星鳗、常盘的鲽鱼、淡路岛的竹荚鱼等。已经品牌化的还有岛根县滨田市"Donchicchi 竹荚鱼"、大分县佐贺关有名的白腹鲭、熊本县天草的黄金海鳗等。

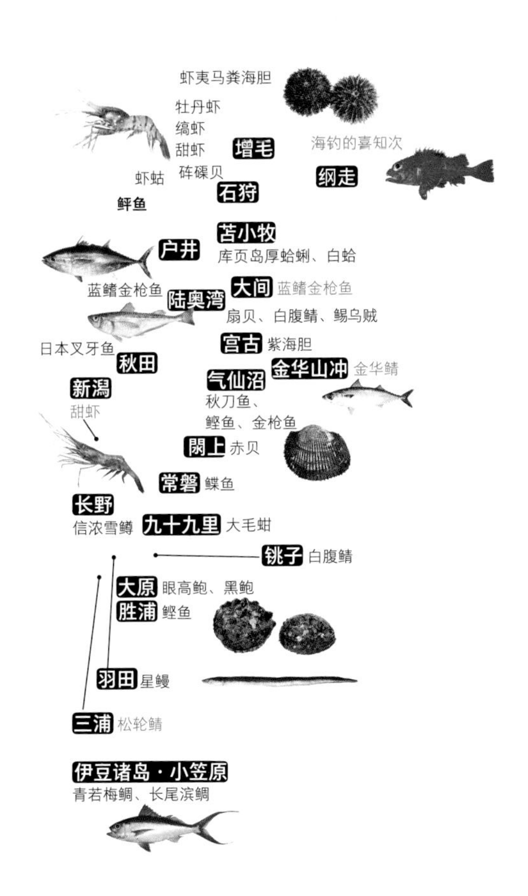

赤贝

贝肉呈现出来的颜色越红越高档。

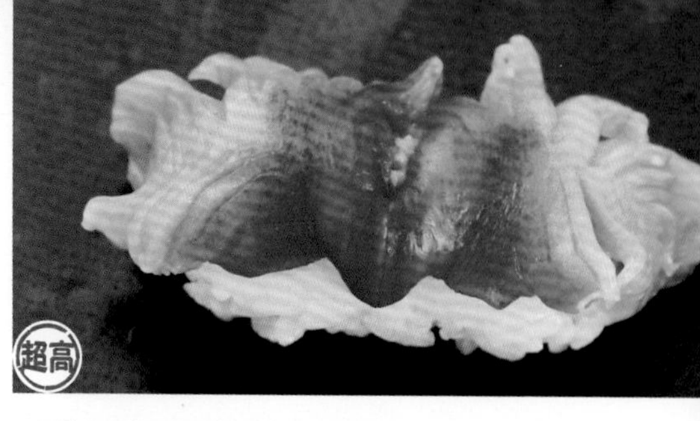

一旦放入口中，强烈的甜味并和独特的涩味会在嘴中萦绕，贝类独特的风味会直冲鼻腔。肉质软硬适中，适合搭配寿司饭。

外套膜与主体贝足的甜度相同，而且能享受到清脆的口感。这是寿司店常客到访后首先想要品尝的握寿司。

赤贝外壳上的放射肋条纹数量约为42。

资料

分布到从北海道南部到中国东海。【蚶目蚶科】

季节：冬季到春季。

名称：由于它具有与哺乳动物相同的血液类型，所以被称为“血贝”，幼时总是依附在藻类上，被称为“藻贝”。

食用：江户时代的贝类采用挑着担子沿街叫卖，这种售卖方式被称作“棒手振（行商）”。售卖货品中最贵的就是赤贝，常见的做法是醋拌赤贝。

生长在内湾中的营养丰富的美味　颜色越红越高档

这是在内湾营养丰富的地区经常可见的双壳贝。产卵季节是从初夏到夏季。孵化后就过着浮游的生活，依附在藻类上。即使成长后，也会留着缠绕在藻类上的足丝。市场上也称它为“本玉”“赤玉”。赤贝的另一个别名即是“检见川”，因为千叶县的检见川以前是赤贝的重要产地。在曾经的原产地东京湾至今已经无法捕获到，现在以最有代表性的产区中宫城县閖上产的赤贝为最上等，其他地方是三河湾、濑户内海、大分县等。从韩国和中国进口的产品也很多。

大毛蚶

和赤贝相似，但是因为产地不一样被称为“不合时宜”的美味。

用千叶县九十九里产的鲜活的大毛蚶做成的握寿司。它甜度很高，吃起来也清脆爽口，具有贝类的独特风味，适合搭配寿司饭。

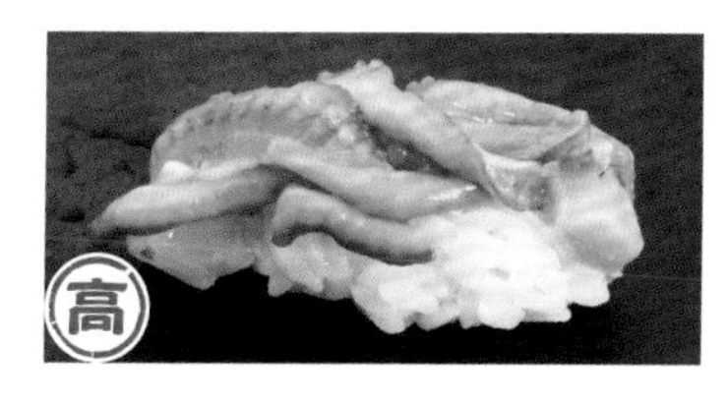

用大毛蚶的外套膜做成的握寿司味道也非常出色。脆爽又有嚼劲的口感，首先感受到的是甜味，然后是浓郁的鲜味。与寿司饭的甜味和酸味搭配恰到好处。

大毛蚶外壳中的放射肋条纹数量约为38。

资料

栖息于千叶县九十九里、山阴至九州的地区。【蚶目蚶科】

季节：从冬天到初夏。

名称：也叫作“JIJII 贝”或者“MASU 贝”，原因不明。

食用：比赤贝便宜是因为它的颜色没有赤贝鲜红。但是味道非常好，做成刺身和赤贝一样好吃。

标准的日语名“佐藤贝”源于英国外交官

在靠近江户地区的江户湾捕捞到的血蛤被称为“本玉”，与之相对，在千叶县九十九里外洋海域捕获的大毛蚶，因为栖息地不同，在鱼类交易市场的日文名字叫作“场违”（不合时宜的）或者“场违玉”。幕府时代末期，一位来到日本并在明治维新中发挥了重要作用的英国外交官欧内斯特·佐藤（Ernest Satow，即萨道义），用他的名字命名了这种贝类。后来又因为他改用了日本名字，汉字写作“佐藤”，因此这种贝的标准日本名就叫作“佐藤贝”。就味道而言，它不逊于“本玉”。

青柳蛤

强烈的味道和苦涩让人又爱又恨。

用开水稍微氽过的贝足做成的握寿司。以贝足的尖端翘起为佳。它具有强烈的甜味和独特的风味，既涩又苦。有些人喜欢这种令人难以抗拒的味道，而另一些人则不屑一顾。它与寿司饭的酸甜味非常搭配。

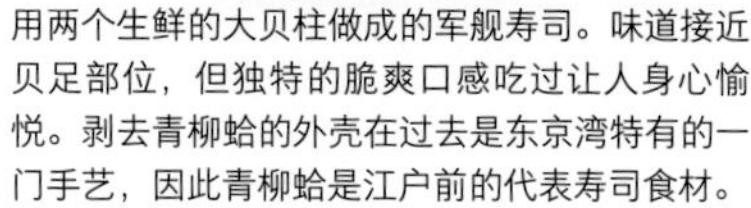

用两个生鲜的大贝柱做成的军舰寿司。味道接近贝足部位，但独特的脆爽口感吃过让人身心愉悦。剥去青柳蛤的外壳在过去是东京湾特有的一门手艺，因此青柳蛤是江户前的代表寿司食材。

资料

栖息地从北海道到九州。【帘蛤目马珂蛤科】

季节：冬季到春季。

名称：由于以前都是出现在船停泊的渔港附近，所以又叫作“港贝”。也叫“绢贝”和“樱贝”。

食用：实际上做成蛤肉干很美味。在木更津地区它被称为“目刺”，在九州，它被称为“绢贝”。轻轻用火炙烤后，香味更加扑鼻，鲜味浓郁。

代表江户前的味道

栖息在内湾的浅滩或沙地水域。它仅在东京的鱼类交易市场等地，被叫作“青柳”。“青柳”是千叶县市川市的一个地方的名称，因为在这种贝类在这一带大量捕获。其标准日本名“BAKA 贝”是千叶县内房地区使用的名称。一个托盘上放四个从青柳蛤中取出的贝肉，是在市场上的常见的流通方式。虽然也能找到活的带壳青柳蛤，但货源不稳定。寿司厨师会用手轻触青柳蛤的肉，确认它们是否新鲜后再购买。

白蛤

过去是捕获北极贝的时候混在其中的贝类。

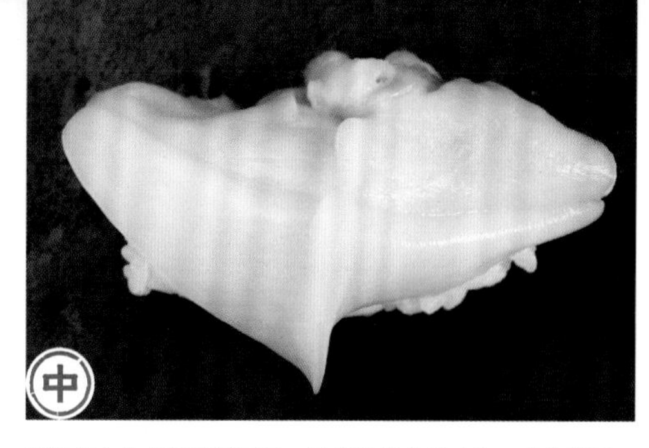

虽然贝肉的色泽稍显不足，贝类独特的风味和口感也较弱，但是甜度和鲜味适中，所以没人会嫌弃这种贝类。恰到好处的口感令人享受其中的美味，和寿司饭的搭配也很棒。

资料

栖息在北陆及铫子市以北。【帘蛤目樱蛤科】

季节：从冬季到春季。

名称：日本北陆称为“万寿贝”。

食用：在产地最推荐做成白蛤炒时蔬。好吃得让中国菜的行家们都大吃一惊。因为是物美价廉的贝壳，所以请一定尝尝。

曾经主要在产地被食用，是一种让人联想到陶器的贝类

这种在关东地区被称为“白蛤”的贝类，其实并不只是单一的一种，而是“粗筋皿贝”和“皿贝”的总称。但是，更大体形的白蛤更容易被用做寿司食材。主要产地是北海道，栖息在浅海的沙滩中。据说在过去捕获北极贝的时候，白蛤会混在其中，但仅仅在产地附近才被食用。因此，在北极贝的产地，白蛤通常会出现在一日三餐中。

文蛤

一种梦幻的美味。

中国文蛤
用大型的中国文蛤做成的握寿司。它的味道略微适中，肉质柔软，并具有贝类本身的甜味。当这种甜味与寿司饭结合在一起时，非常美味。

资料

文蛤：分布在日本北海道南部到九州。【帘蛤目帘蛤科】
中国文蛤：分布在朝鲜半岛西海岸到中国海岸。【帘蛤目帘蛤科】
朝鲜文蛤：分布在日本海西部、鹿岛滩达以南的。【帘蛤目帘蛤科】
名称：产地本地名称很少。东京的妇女用语中会加上“御”，出现“御蛤”一词。
食用：女儿节的时候无论如何都要喝蛤蜊汤。清澈的汤汁中透出浓郁的鲜味。

自江户时代以来一直是昂贵的双壳贝类

在面向东京湾的绳文时代贝壳堆中，可以找到大量标准日本名带“蛤”的贝壳。内湾的泥滩也有很多文蛤，很容易被捕获，自古以来就是重要的蛋白质来源。但是内湾的泥滩由于无序开发和污染，这种贝类逐渐消失，现在日本国内几乎无法捕捞到。

“场违蛤”突然受到瞩目，这种蛤就是以前很便宜的朝鲜文蛤。与日本文蛤栖息的场所不同，“场违蛤”栖息在面向外海的海岸线。因为贝壳很厚，据说味道很好，现在是超美味的高级品。

不过前两种文蛤在日本国内的捕获量并不多。从中国和韩国等地进口的中国文蛤弥补了这一缺口。现在提到文蛤，基本指的是中国文蛤。

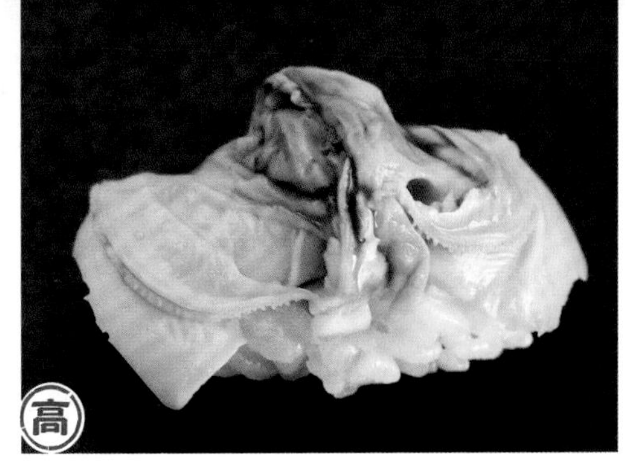

文蛤

用大型的日本国产文蛤腌渍后做成的握寿司。它口感柔软并具有贝类本身的风味。酱油与贝类的这两种不同的鲜味结合在一起，与柔软的寿司饭搭配，散发浑然天成的鲜味，非常特别。

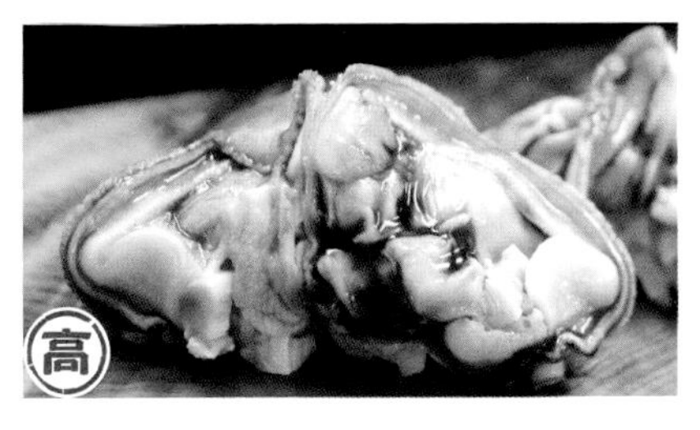

朝鲜文蛤

鹿岛滩产的当地朝鲜文蛤。腌制过后口感依然清爽，这就是文蛤固有的味道。自古以来都被叫作“场违（BACHI）”，是难以置信的美味。

决定文蛤价格的不是产地也不是种类，而是体形，体形越大价格越贵。虽然一份文蛤就能做成一份寿司，但是要找到这种尺寸的非常稀少。鱼类交易市场也鲜有只卖做寿司专用的文蛤的店，就算有，也只出现在专门贩卖上等寿司食材的店铺里。

原则上不会直接用生的文蛤做成握寿司。煮过的文蛤用甜咸的酱汁腌制，这种制作方法被称为“腌渍入味”。文蛤一旦煮过头就会变硬，生食也不行。这是极要求手艺的寿司食材。因为费时费力、成本又高，所以售卖煮文蛤的寿司店不多，如果有售，毫无疑问就是高级店了。要品尝到江户时代以来的江户前味道是非常困难的。

象拔蚌

尽管是大型贝类，但是只使用其虹吸管做菜的奢侈食材。

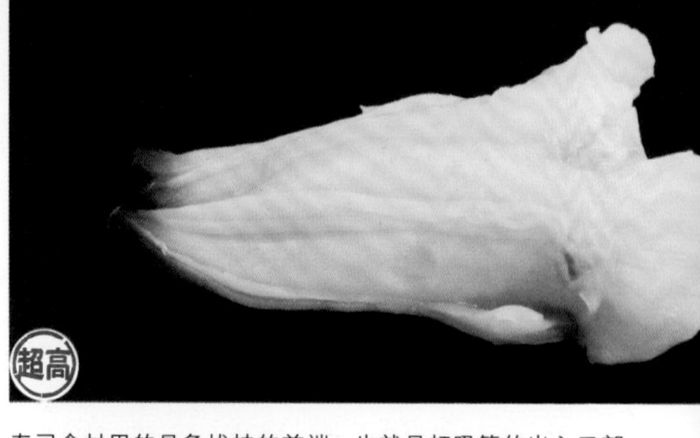

寿司食材用的是象拔蚌的前端，也就是虹吸管的出入口部分，紫红的颜色非常美丽。口感适中，并富含甜味和贝类独特的鲜味，风味丰富。搭配寿司饭，相得益彰。

阿拉斯加象拔蚌【海螂目潜泥蛤科】(上图)
象拔蚌有从加拿大和美国进口的两种，分别为阿拉斯加象拔蚌和太平洋象拔蚌。

资料

栖息地从日本北海道到九州。【海螂目潜泥蛤科】

季节：从冬季到春季。

名称：长长的虹吸管如同人类的手腕，因此日文又写作"袖振"。或者被叫作"文殊贝"或者"牛奶贝"。

食用：作为寿司食材，仅使用虹吸管部分，但实际上贝柱、腿、外套膜等部分都可以食用。请千万不要扔掉。

内海湾里的贝类中最特别的大型品种

栖息在内湾的浅水水域，体长约 20 厘米，重 2 千克的大型双壳贝。巨大的虹吸管是其特征，里面生长着海藻。看到象拔蚌的时候会以为它在吃海藻，因为象拔蚌的标准日本名写作"海松贝"，所以会叫这种海藻"海松食"。实际上，象拔蚌吃的是漂浮在海里的有机质，适合作为寿司食材大小的象拔蚌需要超过 15 厘米，但这需要近 10 年时间。变成寿司食材的只有虹吸管部分。把虹吸管煮过，剥去粗糙的皮，再做成寿司食材。

白象拔蚌

曾经是替代品，现在已经身价不菲。

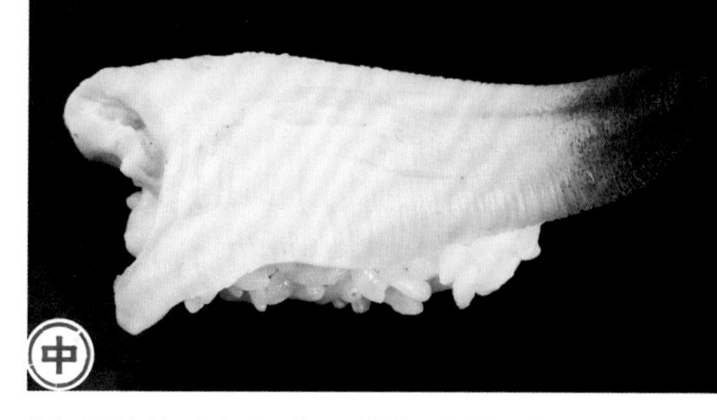

作为寿司食材，颜色略显单调。鲜味和甜味都很普通，但味道清淡并适合大众口味，并且价格也合理，因此也吸引了很多食客。

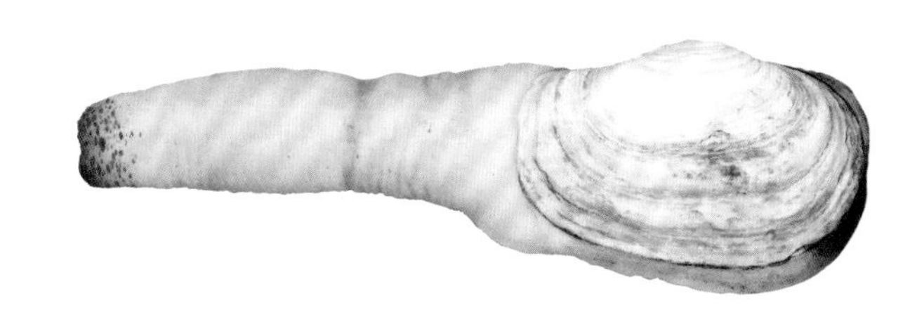

资料

从日本北海道到九州。近亲的类似物种在北半球太平洋广泛分布。【海螂目缝栖蛤科】

季节：冬季至春季。

名称：在过去被称为“OKINANOMENGAI”。

食用：很多烹饪专家认为，烤或晒干的吃法比生食或在热汤中氽烫后食用的味道更好。干象拔蚌确实味道绝美。

虹吸管能深深地伸入沙子里

市面上流通的白象拔蚌有两种，分别是在日本本土的“波贝”（日本海神蛤），以及从加拿大和美国等地进口“美国波贝”（太平洋潜泥蛤）。这两种白象拔蚌都与“象拔蚌”毫无瓜葛。它们会潜入海鳗生长的内湾沙地水域，将长长的虹吸管伸入海底，以浮游的有机质为食。这是重达 1 千克以上的大型贝类，身体几乎是从薄而小贝壳中蹦出来的，外形不可思议。

紫鸟贝

颜色越深，价格越高。

日本三河湾地区产的紫鸟贝，从壳中取出贝肉在热水中汆过做成的握寿司。加热后贝肉的甜度增强，虽然味道很淡，但脆爽的口感很强烈，时候充满鲜味的余味在口中萦绕。和寿司饭搭配很棒，也适合和醋一起食用。

紫鸟贝军舰寿司
不能用作握寿司食材的小型紫鸟贝的足，被做成“TONBO”军舰寿司。在三河湾、东京湾把它煮得甘甜又带点咸度，然后做成军舰寿司。

资料

栖息于除了北海道以外的日本各地。【 帘蛤目鸟蛤科 】
季节：春季和秋季。
名称：因为足（身体）的形状被称为“狐狸”，因为贝壳的形状被称为“茶碗贝”。
食用：在产区，小型的紫鸟贝在热水中汆过后与醋味噌拌在一起食用，美味真是一绝。

栖息于内湾的贝类，有时会大量出现，有时又突然消失不见

栖息在内湾的泥沙交杂的浅水水域里，体长 10 厘米左右的贝类。作为寿司食材，使用的是潜入沙中的“足”的部分。因为它的形状像鸟的喙，所以有这个名字。日本国内的产地是三河湾和濑户内海。在东京湾捕获的大多是体形较小的紫鸟贝，这种贝类在酷暑的夏天会大量死亡，所以捕获量非常不稳定。最近，从中国和韩国等地会进口大量的冷冻紫鸟贝。回转寿司店中使用的当然是这些进口的紫鸟贝。

黄鸟贝

进货量很少，行家才知道的高级贝类。

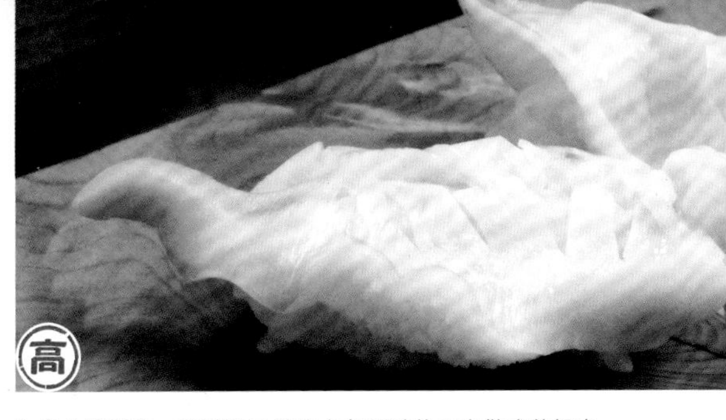

生食也很美味，不过这是用热水汆烫过的贝肉做成的握寿司。肉质肥厚，甘甜浓郁，充满了贝类特有的鲜味。轻轻咬下去，与寿司饭的搭配浑然天成，产生甜味倍增效果。

资料

栖息地从茨城县鹿岛滩到鄂霍次克海。【帘蛤目鸟蛤科】

季节：春季和秋季。

名称：标准日本名写作“石垣贝”。

食用：因为是几百日元一个的高级贝，所以可能会感觉有些奢侈，用黄油烤是不错的选择。

养殖的黄鸟贝比野生的更引人注目

在比较寒冷的水深 10～100 米的沙质水域中栖息的双壳贝，捕捞量很少。自古以来，在东京的鱼类交易市场，因为味道好，并且做成的寿司也很漂亮，所以人气一直很高，但由于到货的数量比较少，所以一直不被人熟知。得到寿司厨师的认可后，从三陆的岩手县陆前高田市广田湾等地开始被人工养殖。蛤肉甘甜且厚实，口感恰到好处，也就不难理解寿司厨师痴迷使用黄鸟贝的心情。

扇贝

正在积极出口的，来自日本北部的贝类。过去价格很贵。

用扇贝中的贝柱部分做成的握寿司已经是寿司店的标配。它具有很强的甜味，即使切得很厚也很柔软，因此很容易食用。这些特征能和寿司饭的甜味和酸味结合得非常好。

用煮过的甘甜又带咸度的扇贝肉做成的握寿司。贝肉自身的甜味加上砂糖、酒的甘甜，再配上酱油的鲜味，是味道浓郁的寿司食材，配上寿司饭的酸味刚刚好。

资料

分布在日本东北部以北。【珍珠贝目扇贝科】

季节： 秋天至初夏。

名称： 虽然在日本秋田县产量不多，但是却被叫作“秋田贝”。

食用： 另一个名字是“稚扇贝”，这些只能长到 4～10 厘米的稚贝就会被进货销售。这些稚贝或用酒蒸，或做成味噌汤，个头虽小却美味无比。

在过去它是昂贵的贝类，属于高档食材

栖息在日本北部砂地的浅水水域，直径为 20 厘米左右的大型双壳贝。本以为能在砂地中大量捕获这些扇贝，但却意外发现同一地点居然毫无踪影。因为它在海里移动速度非常快，其中的一个壳被当作帆，沿着洋流移动，所以它的标准日本写作“帆立贝”。无数的黑点散布在外套膜部分上，这是能感知光线的“眼睛”。一旦有外来敌人接近时，这些“眼睛”能识别出来、贝壳会马上关闭，并随水流迅速逃走。

绯扇贝

日本北方吃扇贝，南方则吃绯扇贝。

稍微用火炙烤过的绯扇贝肉做成的握寿司。入口即化的甘甜、浓郁的鲜味，有着令人愉悦的口感。再加上寿司饭恰到好处的酸味，这种和谐的味道堪称绝品。

资料

栖息于从房总半岛到冲绳岛。【珍珠贝目扇贝科】

季节：春季。

名称：受到刺激时，贝壳会开开合合，所以叫它“PATAPATA 贝”或者“APAPA 贝”。

食用：连着贝壳直接烤的绯扇贝是绝品美味。味道甘甜又充满贝壳的风味。遗憾的是，烤过之后贝壳的会褪去漂亮的颜色。

主要在西日本养殖的美丽贝类

栖息在相对温暖的有礁岩的海域。可以通过贝壳的开合移动。这种贝壳的特征是，根据个体的不同，颜色各异，有红色、紫色、橙色和黄色。比起自然界的野生绯扇贝，养殖的颜色更强烈。这些五彩斑斓的贝壳摆放在一起，让人觉得豪华炫目。鱼类交易市场上排列着纪伊半岛、山阴、四国、九州等不同地区养殖的绯扇贝。因为漂亮又好吃，很多人都买来在正月食用，或者岁末送礼。作为观赏资源也很有人气。

牛角江珧蛤

贝壳就像一个大的三角板。

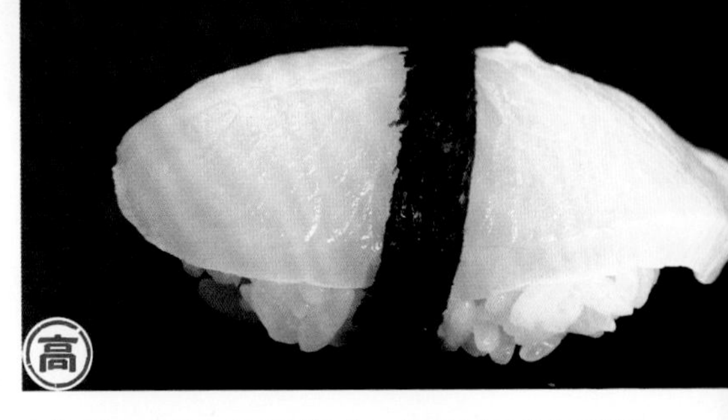

可能是为了能关闭大而重的贝壳，牛角江珧蛤的肉质很紧实，吃起来有弹性，并且有种独特的苦味和风味。它具有浓郁的鲜味和甜味，回味无穷。

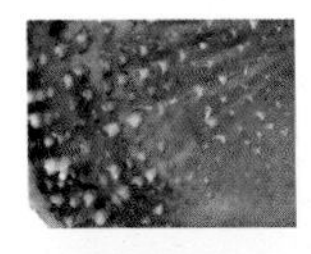

有鳞型牛角江珧蛤
贝壳表面有无数的突起的刺。

牛角江珧蛤
贝壳表面没有突起的刺。

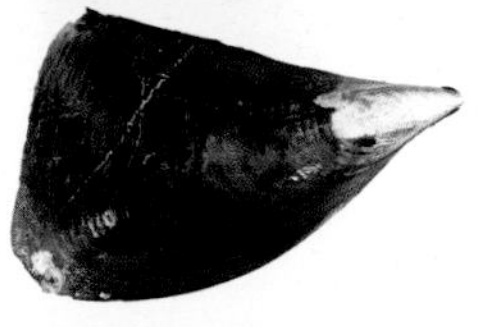

资料

栖息在日本岛中部、福岛县以南。【贻贝目江珧蛤科】
季节： 春季。
名称： 因为插入水中的沙子，就像站在水中一样，所以被称为“立贝”。
食用： 在产地不仅贝柱，连外套膜以及两个贝柱中较小的贝柱也常被食用。生鲜切片后的贝肉清脆可口。

贝类

贝壳虽然很大，但是贝柱不是很大

寿司食材中的标准日本名叫“平贝”的这种贝类，其实是两种贝的总称。前者的贝壳表面光滑没有突起的刺，后者则有无数的刺。这两种鱼在内湾水深 30 米左右的砂泥区域上，都是用尖尖的那头刺入砂中，用无数的带状物把自己固定在海底栖息。要长到市场上流通的 30 厘米左右的大小，从孵化开始需要 5 年以上的时间。在日本的产地是三河湾、濑户内海和有明海，但无法每年都捕捞到，正在尝试人工养殖。

莢蛏

来自北国的大贝壳，即将风靡全日本。

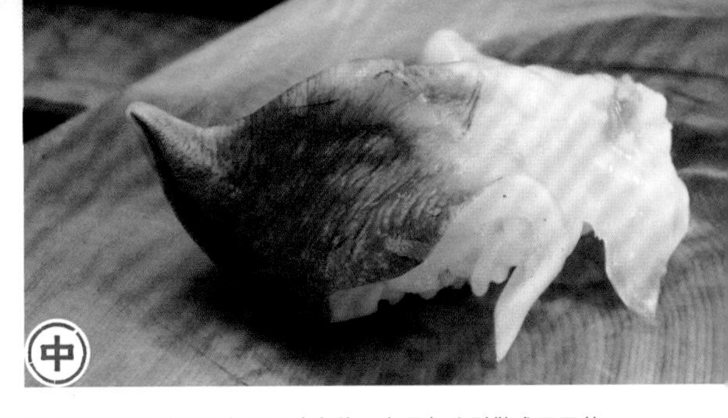

经常用虹吸管（下图）和足（身体，上图）分别做成不同的握寿司。无论哪一种味道都甘甜，有恰到好处的贝类风味，但虹吸管部分的口感更强。优雅的味道配上寿司饭，让人百吃不厌。

资料

分布在日本东北部以北。【帘蛤目刀蛏科】

季节： 春季和秋季。

名称： 没有地方名称。

食用： 在产地北海道，当地人都在偷偷地在吃这种美味双壳贝。据说北海道最地道的吃法就是黄油烤莢蛏。

混在北极贝中被捕获。非常美味但是知名度很低，所以价格便宜值得购买品尝

栖息在水温较低的日本北部沙地海域，体长超15厘米的大型双壳贝。标准日本名“大沟贝”，是由明治时期贝类学之父岩川友太郎命名的。这种贝所属的刀蛏科中，莢蛏是日本国内唯一可食用的贝类。在北方捕捞北极贝时一起被捕获，以前在捕捞的产地几乎就会被全部吃掉。由于非常美味，这种地方性的美食正逐渐在日本全国普及。莢蛏的人气也在不断上升。

库页岛厚蛤蜊

和扇贝一起代表日本北部的贝类。

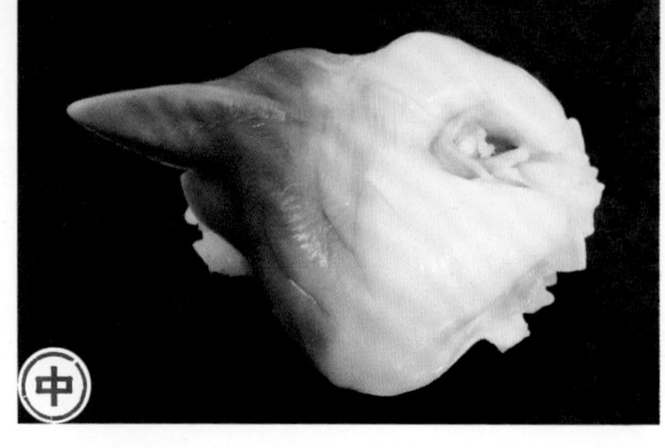

一经过热水氽烫，贝足尖端的部分就会呈现浅红色。外表看起来非常漂亮，放在寿司饭上的造型也很好。配上寿司饭，似乎甜度也增加了。

外观称不上漂亮，但是生吃才有的独特风味和适度的甜味，与寿司饭搭配时的口感令人难忘。

资料

栖息于日本茨城县鹿滩岛以北、日本海北部以北。【海螂目潜泥蛤科】

季节：冬季和除产卵季节的夏季外，从秋季到春季都有。

名称：因为形状是圆形，被叫作“DONBURI 贝”。

食用：日本福岛县用来做拌饭，或者和米饭煮成什锦饭非常有名。小孩子则说用它煮咖喱饭好吃。

自古以来在日本北部就一直是珍贵的美味

栖息在日本东北部、北海道的浅沙海域。贝壳的长度超过 10 厘米，又圆又重，和铅球差不多。贝壳表面覆盖一层膜，体形越大越黑。北海道的库页岛厚蛤蜊渔获量是日本第一，室兰市的地名“母恋（BOKOI）”，在阿伊努语中意思就是“一个可以捕捞大量库页岛厚蛤蜊的地方”。库页岛厚蛤蜊的个头越大、颜色越黑、价格越高。相反，浅褐色的个头小的就很便宜。北海道苫小牧产的很有名。

北极贝

准确来说应该是加拿大北极贝？非常适合做握北极贝色拉寿司。

看起来非常漂亮，具有贝类的味道和甜味。如果不与日本产的其他贝类相比，作为寿司食材非常优秀。

北极贝沙拉做成的军舰卷。切成小块的北极贝和蛋黄酱拌在一起，再加入浓稠而又脆爽的柳叶鱼的鱼子。作为基底的蛋黄酱味道柔和、略带甜味，虽然便宜，却很丰富。和寿司饭的搭配也很棒。

资料

在日本国内，它栖息于千叶县铫市以北。白令海、阿拉斯加、从加拿大到美国东海岸

【海螂目潜泥蛤科】

季节：由于是冰冻产品，因此常年都有。

名称：加拿大北极贝，英文名叫“Surf-clam”。

食用：“北极贝沙拉”不仅出现在军舰卷中，也出现在普通家庭的饭桌上，前所未有地受欢迎。

代表北美的大型食用贝类。在日本也能捕到，但是渔获量很少

虽然在日本三陆等地也能被捕获，但主要产地还是加拿大和北美地区。这是一种栖息在沙地上的大型双壳贝，与库页岛厚蛤蜊（姥贝属）不一样，分属在不同的姥贝属。主要以贝肉的形式直接进口，加工后在市面流通。只用作寿司食材，但也做成海鲜沙拉和拌饭等。在外面就餐时如果单说“北极贝”，主要就是指这种贝类，而不是有相同日文发音的库页岛厚蛤蜊。在回转寿司店等，如果看到鲜红色贝肉的握寿司，肯定是用这种北极贝做的。

毛蛏

由于海边泥滩的锐减和过度开发，日本产的毛蛏几乎没有了。

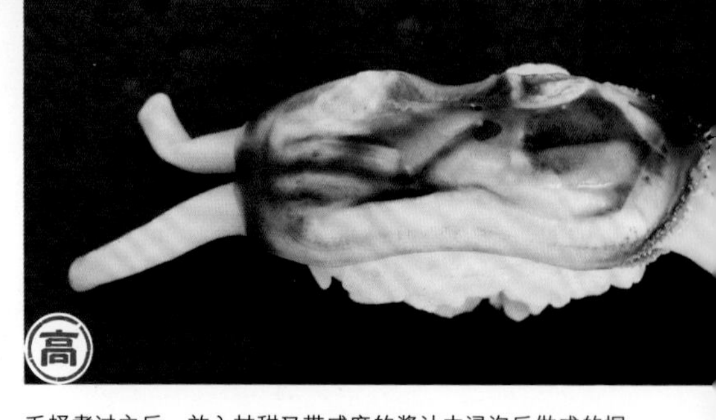

毛蛏煮过之后，放入甘甜又带咸度的酱汁中浸泡后做成的握寿司。酱汁涂在毛蛏肉上是标准的做法。毛蛏肉质柔软，不只足部和外套膜，连肠子也是极品美味。贝类特有的甜味加上寿司饭的酸味，显得格外香甜。

资料

分布在濑户内海到九州。【帘蛤目毛蛏科】

季节：春季至夏季。

名称：因为形状被叫作“剃刀贝”“士兵贝”或者“立贝”。

食用：冈山的特色菜中有一道是“BARA 寿司”(一种散寿司)，又叫作“MATSURI 寿司”，因会放很多寿司食材而有名，毛蛏是做这种寿司必不可少的成分。

日本国产的毛蛏濒临灭绝，大部分来自韩国

毛蛏栖息在诸如濑户内海和有明海等区域的海边泥滩中。最初是代表西日本的食用贝，但由于流通的发达而遍及全国。如今，日本国产的毛蛏几乎消失，只能依靠从韩国等地进口。当毛蛏在内湾的泥滩还很多的时候，价格便宜又美味，现在的形势令人遗憾。毛蛏在日本国内锐减不断提醒人们：废弃的农业用地有很多，而人工开垦对自然的破坏仍在持续等诸多社会问题。

大竹蛏

濑户内海有很多，山口县产的特别有名。

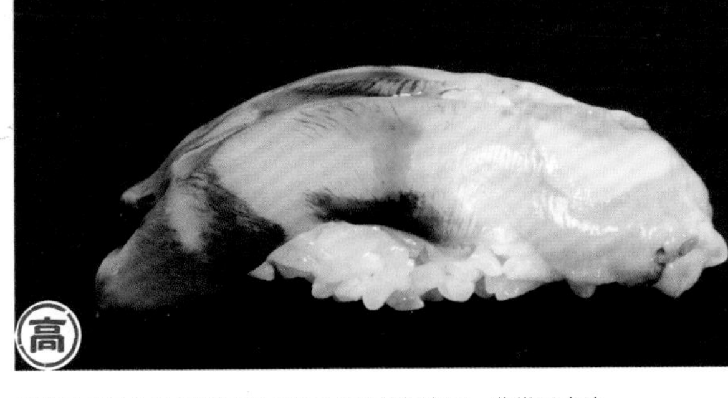

用稍微煮过的长竹蛏足部切开后做成的握寿司。非常适合涂上酱汁。大竹蛏口感甘甜、余味高雅。肉质软硬适中，非常适合搭配寿司饭。

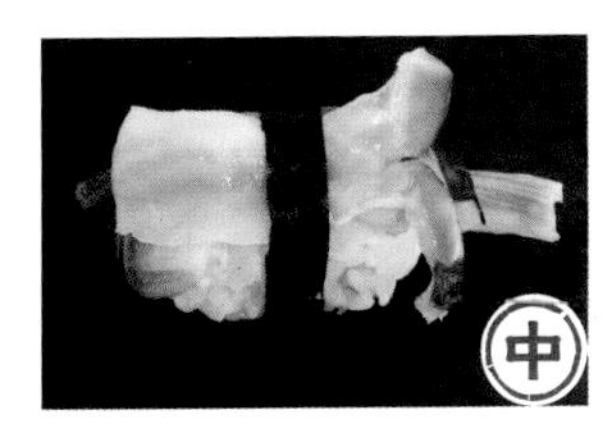

将两根虹吸管用海带捆扎在寿司饭上做成的握寿司。它具有令人愉悦的口感和甜味，并且没有贝类的怪味。

资料

分布在日本房总半岛到九州。【真瓣鳃目竹蛏科】

季节： 春季。

名称： 在鱼类交易市场，标准日本名叫“大马刀贝”被简称为“马刀贝”，也叫作“剃刀贝”或者“KOKURAMATE”。

食用： 最好的吃法是让沙子充分从大竹蛏体内吐出来后，用大火连着外壳一起烤。光是烤出的香味就够诱人的了！

栖息在海边泥滩中的竹蛏在鱼类交易市场不常见，只有大竹蛏是主流

与在海边浅滩或者落潮时拾鱼贝海滩能捕获到的竹蛏相比，大竹蛏是栖息在近海，被叫作“矮胖的竹蛏”。在山口县是通过潜水捕获得到的。鱼类交易市场上的竹蛏科，除了大竹蛏外，还有竹蛏、红斑竹蛏和北海道竹蛏四种。其中以大竹蛏的产量最多，最近在鱼类交易市场上，只要一提到“竹蛏”，就是指大竹蛏，或者与大竹蛏毫无渊源的进口毛蛏。

牡蛎

现在全世界都有养殖的日本牡蛎。

用清淡的调料煮过的牡蛎做成的握寿司。浓郁的鲜味、苦涩和甜味以及丰富的滋味，和寿司饭的酸味合为一体。您肯定会想要把它列入最喜欢的寿司行列中。

生鲜的牡蛎上挤上柑橘类水果的果汁，做成军舰寿司。不需要用酱油之类调味。其实，我认为牡蛎的鲜美根本不需要任何的调味。寿司饭和牡蛎就是绝配。

资料

遍布日本各地。【异柱目牡蛎科】

季节：秋天到春季。

名称：因为它的形状，被叫作“长牡蛎”或者“扁牡蛎”。

食用：能否生食的区别在于，是否有用无菌的海水中去除体内细菌这一道工序。如果没有，只能加热后食用，煮火锅或油炸。

养殖始于江户时代还是更早以前呢？

栖息在日本各地的浅水水域。江户时代创作的文学作品——俳句入门指南《毛吹草》中，将恋爱中的男女称为“岩石上的牡蛎”。其实牡蛎的栖息场所并不是礁岩，而是喜欢在退潮后的海滩中生活。市面上流通的牡蛎几乎都是人工养殖的。据说是在江户时代初期或室町时代，广岛县开始进行人工养殖。现在日本国内牡蛎产量第一的是广岛县。而养殖用的稚牡蛎生产量第一的是宫城县。稚牡蛎被送到世界各地进一步养殖，在世界范围内深受喜爱。

砗磲贝

在冲绳地区人工养殖的美味贝类。

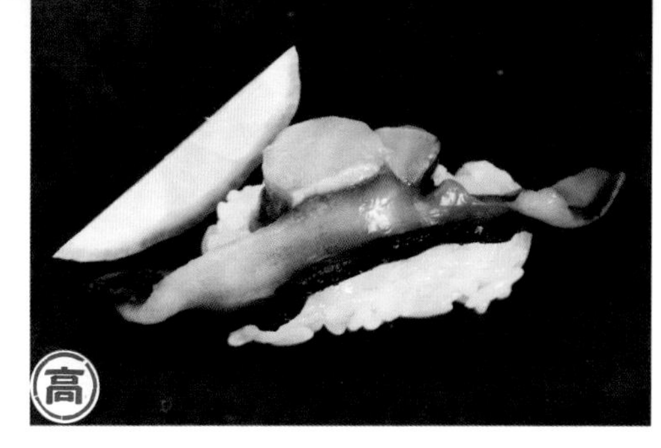

尽管肉质稍微有点硬，不是特别适合搭配寿司饭。但是有海的风味，而且嚼起来有强烈香味和鲜味，是让人印象很深的握寿司。

资料

栖息在琉球群岛以南的海域。【帘蛤目砗磲蛤科】

季节：全年。

名称：在冲绳叫作“AJIKEE”“NIGU”。八重山叫“GIRA”。

食用：第二次世界大战后诞生于冲绳的家常菜“黄油烧砗磲贝”，是下饭的美味。

顶级的热带贝类

砗磲蛤科的同类中，有超过 2 米的“大砗磲贝”，也有不到 20 厘米的小型砗磲贝等多种不同种类。但在日本国内被食用的主要是砗磲蛤科中的如鳞砗磲贝或扇砗磲贝，而上述的“大砗磲贝”是濒临灭绝的物种。双壳贝主要以海水中的有机物为食，而砗磲蛤科的贝类则体内携带单细胞藻类，通过吸收其光合作用产生的蛋白质维生。

眼高鲍

价格如此昂贵，以至于现在都无法将其视作可饱腹的食物。

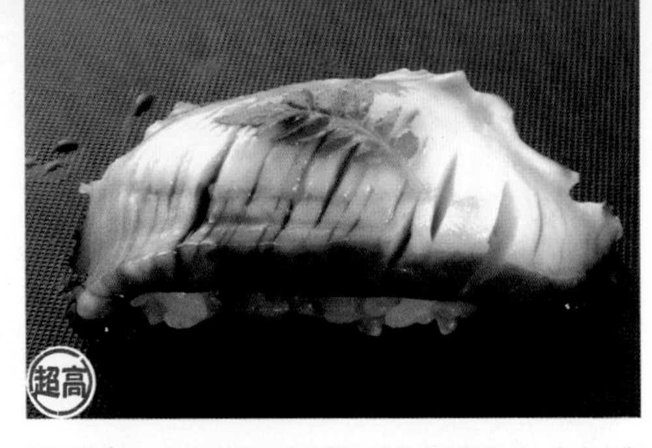

用酒蒸熟后，用蒸出来的酱汁浸泡后做成的握寿司。它肉质丰满、分量很足，就像它的外表一样，具有浓郁的甜味和鲜味以及鲍鱼独有的风味。柔软的口感鱼寿司饭的搭配恰到好处。

贝类

资料

分布在日本海西部以南的房总半岛。【原始腹足目鲍科】

季节：春季至秋季。

名称：鲍鱼壳上呈烟囱形的用来呼吸的孔在日语中称为“MA”或“ME”。因为这种鲍鱼很贵，所以日语中称为“MA 高鲍”或者“ME 高鲍”。

食用：煮或蒸了吃，比生吃更美味。

日本房总半岛大原产的眼高鲍品质最高

附着在温暖海域比较深的礁石上。在鲍鱼类中是体形是最大的，鲍鱼壳的大小不到 30 厘米，但重量却远远超过 1 千克。产量每年都有减少的趋势，近年来已经成为很难买到的海产品之一。最常见的做法就是用少量的水和酒慢慢蒸煮，入味以后再拿来食用。在寿司食材中它是价格最高的，如果配上寿司饭，可以做成非常好吃的握寿司。

虾夷鲍

在世界各地都有养殖。

生的鲍鱼肉上放上蒸过的“包含生殖巢的中肠腺”，做成的握寿司。虽然看上去外观普通，但味道却豪华绚烂。蒸过的鲍鱼肉浓郁的鲜味和寿司饭搭配美味无比。

相比鲜活的虾夷鲍，经过酒蒸后肉质变得柔软，甜度增加。与寿司饭的酸味相得益彰，以一贯寿司来说完成度很高。

资料

分布在茨城县以北的日本本州靠近太平洋一侧、北海道的日本海一侧，以及日本各地。

【原始腹足目鲍科】

季节： 春季至夏季。

名称： 阿伊努语中叫“AIBE”。

食用： 最近可以在超市里看到这种鲍鱼。偶尔奢侈一下，做成法式煎鲍鱼如何？只需撒上胡椒粉和盐、裹上小麦粉、用黄油煎香，就是美味的一餐。

鲍鱼的价格是反映经济的一面镜子

虾夷鲍是栖息在寒冷海域的黑鲍鱼的亚种。鲍鱼壳的表面比黑鲍鱼更粗糙，更椭圆。以前如果简单提起鲍鱼，就是指黑鲍鱼。但是如果指用作寿司食材的鲍鱼，则是指昂贵的眼高鲍。这种以水产养殖为主，价格合理的物种已成为鲍鱼的主流。由于它生长迅速且抗病，因此不仅可以在日本各地的海域养殖、而且也可以在陆地上养殖。如果搭配“WATA”（蒸过的包含生殖巢的中肠腺）一起食用，美味会加倍。

黑鲍

通常“鲍鱼”就是指这种黑鲍。

因为肉质有点硬，为了和寿司饭搭配，会被切得很薄，并且还在表面划上几刀，更能品尝它的特殊风味。刚入口就能感受到了海的气息和甘甜。是味道浓郁的寿司食材。

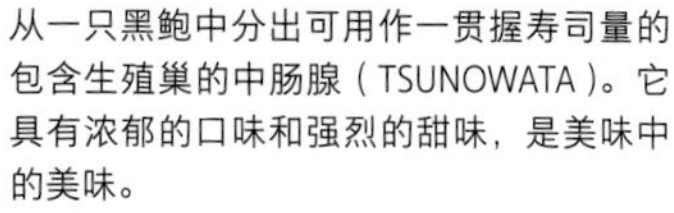

从一只黑鲍中分出可用作一贯握寿司量的包含生殖巢的中肠腺（TSUNOWATA）。它具有浓郁的口味和强烈的甜味，是美味中的美味。

资料

栖息在日本海以及从茨城县以南到九州的海域。【原始腹足目鲍科】

季节：夏季。

名称：相对于雌贝鲍，被叫作“雄鲍”。

食用：如果把雌贝鲍比作“雌鲍”，那么黑鲍鱼则是“雄鲍”。市场上把它叫作“生贝”，因为生吃是最美味的。

一般说到“鲍鱼”，指的就是这种

在日本国内广泛分布的体形稍大的鲍鱼，是鲍鱼类中生食最美味的，作为寿司食材时也是直接切片使用。虽然各地都在尝试人工养殖，但每年都有减少的倾向，即使在经济不景气时，作为高级寿司食材，也颇具人气。

雌贝鲍

煮过的比生吃更美味。

用酒蒸过后，肉质很柔软，海洋的风味很强烈，略带甜味。它与寿司饭搭配得很好，是鲍鱼握寿司的经典款。

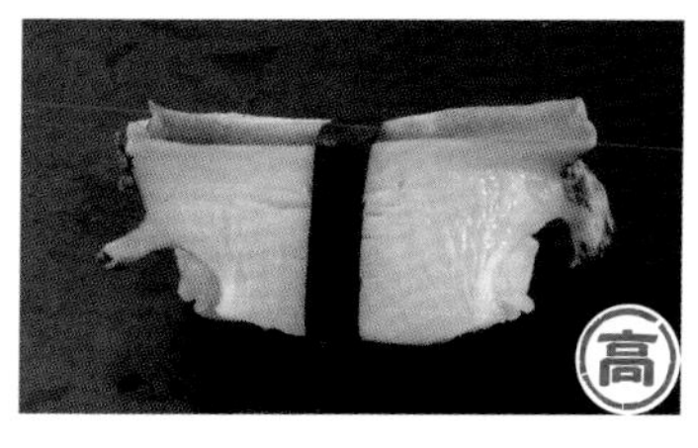

雌贝鲍生吃虽然没有黑鲍鱼那样强烈的口感，但是海洋的风味和甜味都很丰富。这是用海苔把鲍鱼肉和寿司饭捆在一起的握寿司。

资料

分布在千叶县、秋田县以南。【原始腹足目鲍科】

季节：夏季。

名称：黑鲍鱼是雄性，该物种被认为是雌性（雌贝）。

食用：用酱油等慢煮入味，非常好吃。

在过去，是比黑鲍低一等的美味

栖息在温暖海域的岩石地带。可能是因为外壳看起来是圆的，而且很脆弱，所以过去一直被认为是雌性贝。市场上流通的全部都是野生的。因为肉质柔软、口感一般，切片生吃的雌贝鲍只能算是二等品，但是一旦煮过，就变成一级美味。酒蒸鲍鱼作为寿司食材很受欢迎。

小鲍鱼

日本产量正在减少，现在主要来自中国。

用盐、清酒和少量水蒸煮后做成的握寿司。它比黑鲍更容易短时间内煮软。味道也会随之变得更浓郁，与寿司饭搭配能做成味道非常平衡的一贯握寿司。

资料

栖息地从北海道南部到九州。【原始腹足目鲍科】

季节：从春季到初夏。

名称：即使过了一千年也不会变大，所以也叫“千年贝”。

食用：在三重县纪伊长岛，只要用鱼露汁做成的锅底中烫几秒钟，就能轻轻松松地融化在口中，这是最常见的食用方法。

曾经是廉价的贝类，但现在日本产的很稀少，有时比黑鲍还贵

大小大约是黑鲍体形的一半。过去，在日本海岸小鲍鱼数量还比较丰富的时候，它是春天去海岸边游玩时最好的猎物。也许正因为如此，西日本还保留着在春天的节日里煮吃小鲍鱼的习惯。当黑鲍从海岸边渐渐消失，蝾螺等数量也在减少，日本为了弥补国内产量的急剧下降，开始从中国进口人工养殖的小鲍鱼。

红鲍

已成为传统的煮贝食材。

新鲜捕捞的红鲍用酒蒸过，做成的握寿司。甜度优雅、鲜味丰富。口感非常柔软，很适合搭配米饭。

资料

分布在北美西海岸。【原始腹足目鲍科】

季节：人工养殖，因此四季都有。

名称：在日本简称“鲍鱼”。

食用：山梨县甲州地区的特色菜“煮贝”，以前是把从太平洋漂洋过海运来的红鲍腌在酱油中入味制成，现在主要使用进口产品。

频繁出现在日本各地的土特产中

红鲍原本产自北美，但最近在智利等国大量人工养殖，日本国内的进口量增加。红鲍肉质很软，生吃质地不好。但是，做成“煮贝”却非常美味。如今，加工做成“煮贝”的大多数都是红鲍。当然做成寿司食材也非常不错。

青边鲍

因为时令与其他鲍鱼互补，所以很有价值。

个头偏小，乍看有点像虾夷鲍，但肉质更柔软。海洋的风味恰到好处，只有生吃才能体会到的这种独特的味道。

贝类

资料

栖息于澳大利亚南部海岸。【原始腹足目鲍科】

季节：冬季。

名称：它是多种不同鲍鱼的杂交品种，一般不会叫它所属的种名，而是叫它的商品名“Jade tiger”。

食用：虽然是进口的，但味道特别好。

如今作为新面孔的鲍鱼登场

体长超过 20 厘米的南半球鲍鱼。在水产业繁盛的澳大利亚被养殖，日本也大量进口。用这种鲍鱼与多种其他鲍鱼的杂交研究也很盛行。这种鲍鱼还很小的时候就会上市销售了。口感很好，海洋的风味也很丰富，味道也还不错。用生的青边鲍做成的握寿司很美味。

黑唇鲍

产量不是很稳定，有点遗憾。

用酒蒸过后做成的握寿司。可以享受品尝柔软的口感和鲍鱼特有的味道。

资料

栖息于西南太平洋。【原始腹足目鲍科】

季节：冬季。

名称：无。

食用：在鲍鱼中相对比较便宜，所以经常放在铁网上烤了吃。因为炙烤的温度很高，所以鲍鱼肉像是在火上扭动身体跳舞，所以这种吃法被叫作“地狱烧”。

需要进口澳大利亚产的鲍鱼来弥补整年的过量需求

在南半球太平洋海岸栖息的红色壳的鲍鱼，它的特征是翻过来之后足部（或者说“身体部位”）是漆黑的。与日本产的黑鲍相比，肉质稍软，但味道非常鲜美。不管是生的还是煮过的都可以作为寿司食材。在无法稳定获得到日本产鲍鱼的时候，这种进口的鲍鱼就是救星，但是它的价格也绝对不便宜。

智利鲍鱼

被称为智利“鲍鱼”。

用解冻后的鲍鱼做成的握寿司。虽然不难吃，但和鲍鱼的口感完全是两回事，反而更接近蝾螺。

贝类

资料

栖息地从智利到秘鲁。【新腹足目骨螺科】

季节：因为是冷冻进口食品，所以没有时令限制。

名称：曾简单地被称作“鲍鱼”。

食用：新年菜肴中会出现的一道菜。

鼎盛时期被叫作智利鲍鱼

与南美洲的鲍鱼毫无关系的螺贝。因为外观像鲍鱼，所以被冠上“仿制品”的名字。在回转寿司的草创时期，以“鲍鱼”这种名字出现在菜单上，后来变成了“智利鲍鱼”，现在已经看不到了。应该是因为味道上完全不像鲍鱼吧。

香螺

近来成为海螺类的明星。

虾夷法螺
清脆的口感，恰到好处的甜度。它软硬适中的柔软口感、和寿司饭搭配食用更能感受慢慢涌现出来的鲜味。余味甚佳，值得赞叹。

伪虾夷法螺（左），虾夷法螺（右）
随着虾夷法螺的生长，该部分的贝壳会隆起并开裂。

伪虾夷法螺
通常都是生吃的，其实煮过之后也很美味。它肉质不会太硬，很适合搭配寿司饭。有种鲍鱼无法比拟的味道。

资料

虾夷法螺：分布在北海道以北。【狭舌目峨螺科】
伪虾夷法螺：分布在日本茨城县和京都以北。【狭舌目峨螺科】
名称：市场上被称为“A 螺”。
食用：一种称为唾液腺的毒素位于足部（香螺的身体部位）的中央，需要清除后才能食用。人中毒后会出现类似醉酒感受的症状。

虾夷法螺和伪虾夷法螺都需要去除唾液腺的毒素后才能被食用

香螺包括虾夷法螺和伪虾夷法螺两种。虾夷法螺有时被叫作“A 螺”，而伪虾夷法螺被叫作“B 螺”从而加以区分。这些栖息在寒冷海域中的峨螺科香螺属的海螺，通常被称为“螺”，它们的唾液腺部位含有毒成分四甲胺。香螺中最昂贵的是虾夷法螺，其次是伪虾夷法螺。主要产地是北海道。在过去，它们是产地限定的美味，但近年来在鱼类交易市场也很常见。

厚虾夷法螺

因为可以大量捕获，所以价格适中。

螺略带黄色，但不明显。它具有贝类的风味，口感甚佳，真是好吃又便宜。

贝类

资料

分布在千叶县以北。【峨螺科香螺属】
季节：春季至初冬。
名称：“B 螺”。
食用：将螺肉取出后，撒上盐，用酒蒸煮后很美味。

味道不错，但缺点是螺壳很硬而且螺肉是黄色

主要在北海道捕捞的中型海螺。顾名思义，这种螺的壳又厚又重，所以成品率很差，有种价格昂贵让人望而却步的感觉，属于与虾夷法螺这种“A 螺”相对的被称作“B 螺”的海螺。但是味道绝对不输虾夷法螺。它具有很强的甜味，非常适合做成寿司食材。

栗色
虾夷法螺

和其他众多海螺一起进货销售。

很有海螺本身的风味，并具有强烈的甜味和令人愉悦的口感。颜色也还不错，所以它可能被误认为是真正的虾夷法螺。

资料

分布在日本东北部以北。【峨螺科香螺属】
季节：春季至初冬。
名称："B 螺"。
食用：北海道的特色菜"烤海螺"就是用这种螺做的。

海螺的种类很多，很难区分

在北海道道东等地捕捞其他海螺时候，这种海螺经常混在其中。海螺的种类很多，比如新英格兰峨螺和桦太虾夷法螺，而栗色虾夷法螺在其中尤其引人注目。它的外壳为棕色，易于区分，螺肉的颜色也很不错，是"B 螺"中最好的寿司食材。

越中贝

代表日本海的寿司食材。

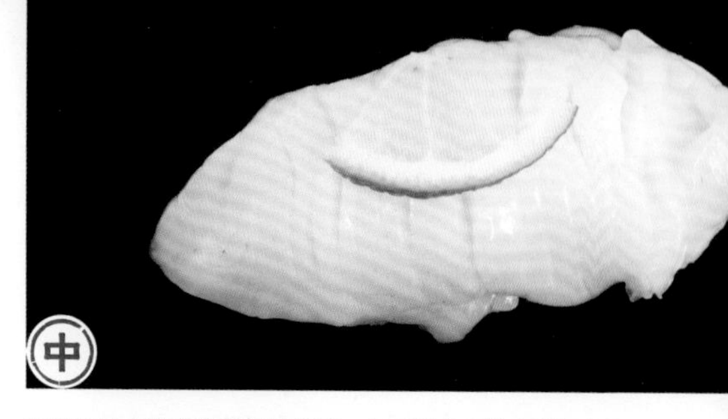

在岛根县大田市用鱼笼捕获后，立即脱壳后做成的握寿司。生食才能体会到的强烈甜味和独特口感。它很适合搭配寿司饭，可以做成非常漂亮的握寿司。

资料

分布在能登半岛以西的地方。【峨螺科香螺属】

季节：虽说是秋天到次年春季，但全年味道都不错。

名称：日本关东地区叫“白贝”，鸟取县叫“白西”。

食用：通常体形较大的用作刺身，而体形较小的煮了吃。特别是在新年料理或者怀石料理中，总会包含煮越中贝。用牙签在壳内转动，把肉取出来吃。

隐岐群岛附近捕获的大型越中贝是顶级货

越中贝能在日本海的能登半岛以西被捕获。它外壳柔软，并且体内不含有四甲胺毒素。捕获的方式是将诱饵放在鱼笼中去引诱它上钩。日本关东地区喜欢用体形较小的越中贝煮了吃，所以这些小型的较贵，而在喜欢生吃的山阴等地，体形较大的价格更高。代表的产地有山口县、岛根县、鸟取县等。其中尤其是在隐岐群岛捕获的大型越中贝，被认为是作为刺身食用的上等食材。与法螺不同，生鲜的越中贝肉质柔软而甘甜。

峨螺

俄罗斯产的峨螺比日本产的更主流。

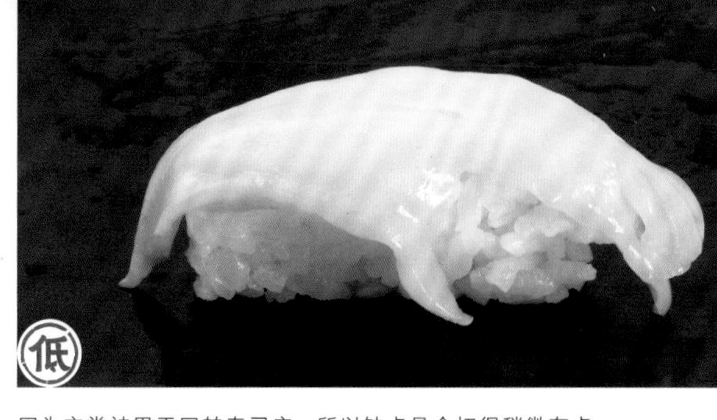

因为它常被用于回转寿司店，所以缺点是会切得稍微有点薄。薄厚的程度在加工时就确定了。清脆的口感恰到好处，具有典型贝类的鲜味。很适合搭配寿司饭，是非常受欢迎的握寿司食材。

峨螺科峨螺属
不含四甲胺这种神经毒素。
包含日本海峨螺、日本海大峨螺、雪鸠峨螺、长川峨螺等。

峨螺科香螺属
含有四甲胺这种神经毒素。
包含虾夷法螺、伪虾夷法螺、栗色虾夷法螺、厚虾夷法螺。

峨螺及海螺的基本知识
峨螺科的可食用螺类中，主要包括峨螺属和虾夷法螺属两大类。这两类螺无论是生吃、煮过、烤过都很好吃，唯一的差别是虾夷法螺属的螺类中都含有一种叫作“四甲胺”的不太强的神经毒素。一旦中毒，会出现类似醉酒感受的症状。据说在战争期间由于酒类的缺乏，渔夫们都用它作为酒的替代品。无论如何，考虑到儿童或身体状况较弱的人吃到虾夷法螺的不良反应，应明确区分。不要将“峨螺”与“虾夷法螺”混淆。

资料

栖息在鄂霍次克海。【蛾螺科峨螺属】
季节：全年。
名称：通常叫作“峨螺”。
食用：这种进口产品也会出现在超市中。价格便宜，因此非常适合做成沙拉和凉拌菜。

峨螺以什么身份出现在回转寿司中?

峨螺很少在日本被捕获，大多数是从俄罗斯进口的。市场上有已经加工过的用作寿司食材的产品。尽管它的分类为“峨螺”，但是却被写作“海螺”，原因不明。回转寿司、超市货架及外卖菜单中“海螺”都是指这种螺。

蝾螺

在日本最具知名度，日本尚有生产。

一旦将它放入口中，鼻腔里就散发出海洋的气息。还有生贝特有的风味，甜味十足。尽管和寿司饭的搭配不是特别合适，但是作为寿司食材，自身的美味更胜一筹。

岛根县产的蝾螺没有突起的棘。

来自三浦半岛的蝾螺有突起的棘。

资料

栖息在除小笠原、琉球列岛以外的北海道南部以南。【蝾螺科蝾螺属】

季节：一年四季都有，春天最好吃。

名称：因为内脏是苦的，所以叫作“苦之子”。

食用：姬蝾螺是小型的蝾螺。大型的用来生吃或者做成“壶烧”（即以螺壳为容器进行烹饪的做法），而小型的姬蝾螺就煮了吃。

极受欢迎，以至于虽然产量很高但是市场上还是有很多假货

海边礁岩附近经常看得到的海螺。在日本的俳句中是代表春天的季语。自古以来就是最著名的海螺。最大的特征是让人联想到陶器的外壳。根据栖息地的不同，分为有棘和无棘两类，栖息在波涛汹涌地方的蝾螺有棘，而在平静海域的则没有。还有一种说法是这取决于蝾螺附近有没有天敌，但具体原因至今仍是个谜。用蝾螺壳做的“壶烧”很有名，做成刺身也很好吃。

夜光蝾螺

除食用外，还可做成手工艺品和配件。

只要将它放进嘴里，海洋的气息就会扩散开。从切片的夜光蝾螺肉中可以感受到浓郁的鲜味，口感非常有冲击力，但遗憾的是这种螺肉和寿司的味道不太搭配。贝的味道才是这贯握寿司的主角。

资料

居住在种子岛以南。【蝾螺科蝾螺属】

季节：全年。

名称：屋久岛上的这种螺被叫作“屋久贝”。

食用：在旅游区，这种螺的壳比一直鲜活可食用的夜光蝾螺肉还贵，为什么呢？

夜光蝾螺的壳自古以来就很昂贵

在热带、亚热带地区非常大型的海螺。在古代，夜光蝾螺的壳不是作为食物，而是作为制作工艺品的材料，非常昂贵。名字中的“夜光”二字，是指贝壳打磨后，能够在黑暗中发出光芒，非常绚丽夺目。奈良东大寺正仓院的宝物中，收藏着使用夜光蝾螺的壳做成的纽扣，这是当时工艺品和饰物的重要材料之一。作为食材，主要在冲绳地区被使用，在日本其他地区则不常见。

甜虾

无论是味道还是价格，日本海的鲜货与进口货差异都很大。

用北海道增毛地区产的雌性甜虾做的握寿司。虾肉上是蓝色的虾卵。口感黏稠又甘甜，和寿司饭一起糯软入口。虾卵弹牙的口感让风味发生了变化。

用炸甜虾做成握寿司，这个令人惊讶的想法非常厉害。虽然也是油炸，但这里用的是天妇罗的做法。能够同时感受到虾的甜美和炸物的香味。

格陵兰产的北极甜虾（北方长额虾）

日本北海道增毛产的红虾（北国赤虾）

资料

栖息在日本海、北海道以北的地区。【十足目长额虾科】

季节：全年。

名称：因为长得像红辣椒，所以别名冠上南蛮、胡椒等，被称为“南蛮虾”或“胡椒虾”。

食用：一般都是生吃，但在产地据说做成味噌汤很美味。

性别随着成长从雄性变为雌性，所有的大型甜虾都是雌性

代表性的甜虾有两种，分别是栖息在太平洋的甜虾和大西洋的北极甜虾。鲜活状态下的甜虾有红色的软壳，体长约 10 厘米。栖息在深海，出生时全部都是雄性，长大后会变成雌性。每两年产一次卵，产卵后将虾卵抱在腹部加以保护。日本北海道西岸的增毛地区，自古以来就是甜虾的产地。新潟县等地产的也很有名。进口到日本的甜虾来自俄罗斯、加拿大和格陵兰。

骏河湾甜虾

深海生物的宝库，就有骏河湾的甜虾。

一入口就有一种浓稠柔软的甜味。它个头很小，所以做成握寿司有一定难度，但是虾的甜味搭配寿司饭恰到好处。

资料

栖息地从日本骏河湾到鹿儿岛县。【十足目长额虾科】

季节：秋天到春天。

名称："甘海老"是静冈县的叫法。

食用：虾干堪称绝品美味。直接吃就很美味，也可以用来做成素面的高汤。

如果提到骏河湾的甜虾，就是指这个物种

除了骏河湾甜虾以外，还有一些虾也被叫作"甘海老"。骏河湾是深海生物的宝库。许多鱼类和虾都可以通过底部拖网进行捕捞。其中，当地人称为"甘海老"的这种甜虾，不仅作为天妇罗和寿司食材的欢迎，也非常受游客的欢迎。

小甜虾

直到 2009 年才有了标准日本名。

由于体形很小，被做成了军舰寿司。无论如何，它的甘甜吃起来让人心情愉悦，用来做军舰寿司再好不过。

虾蟹

资料

栖息在日本骏河湾以南。【十足目长额虾科】

季节：全年的味道都没有变化。

名称：“芝海老”。

食用：日本鹿儿岛县近江湾附近的用这种虾做成的萨摩炸虾肉饼很有名。

锦江湾渔夫们最喜欢的隐秘美味

体长不到 10 厘米的深海虾。在鹿儿岛市的锦江湾用底部拖网的方法捕捞。因为是小虾，捕获量不多，所以知名度很低，但是因为 2009 年它有了标准日本名，受到关注。生吃时很甘甜，有恰到好处的口感，作为寿司食材非常合适。

富山牡丹虾

在富山县很难捕捉到，这种像牡丹一样美丽的虾。

用体形稍大并且持有虾卵的雌性富山牡丹虾做成的握寿司。甜味很强，并有恰到好处的口感。虾卵有着弹牙的韧性，别有风味，一贯寿司中就能有多种感受。在品尝完握寿司之后，再把虾头中的鲜美的虾浆吸到口中，就可以尝到一整条富山虾带来的美味。

可以通过观察虾的头部来分辨牡丹虾的类型。头部散布着白色斑点。

资料

栖息于日本岛根县以北的日本海和北海道。【十足目长额虾科】

季节：全年美味。

名称：日文写作“大海老”或“虎海老”。

食用：通常生食，但烤后别有一番风味。

北海道体形最大的虾

栖息在寒冷的深海海域。体长超过 20 厘米，是长额虾科的大型虾。它的标准日本名源自于富山湾的个体，但奇怪的是在当地却很少能被捕捞到。在北海道的喷火湾等地被称为“牡丹海老”。大型的牡丹虾非常华丽，会让人联想到盛开的牡丹。代表产地是北海道的日本海和喷火湾地区。由于它具有强大的生命力，因此经常被活着运到日本关东地区。虽然不常见，但有时也会被放在水族箱中配送。

日本长额虾

与日本海的富山牡丹虾相比，这种虾的数量不稳定。

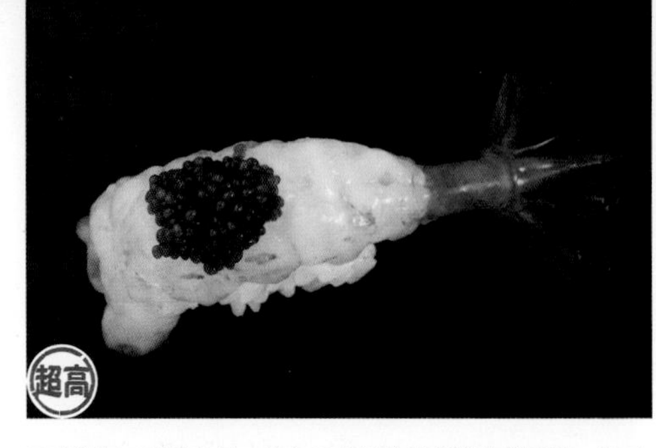

口感很好、甜味充足，刚入口就被会浓郁的味道填满。寿司饭的甜味和虾的甜味，两种不同甜味的结合，是种不一样的美味。

可以通过观察虾的头部来分辨牡丹虾的类型。头部没有白色斑点。

资料

栖息在从北海道喷火湾到土佐湾的太平洋侧一带。栖息地狭窄，日本海基本没有。【十足目长额虾科】

季节：全年。

名称：没有特别名称。

食用：骏河湾的渔夫把大小不一的牡丹虾做成味噌汤，在船上吃到的味噌汤味道特别。烤起来也很好吃。

太平洋的“牡丹海老”一度从鱼类市场上销声匿迹

太平洋的牡丹虾，栖息在水深300米以上的深海。主要产地在骏河湾、千叶县、茨城县等地。渔获量丰歉不一，捕获量不稳定。有时甚至无法捕获，以至于几乎被鱼类交易市场的专业人士遗忘了。无论是标准日本名和还是在市场上流通的叫法都是“牡丹虾”。鱼类交易市场也常叫它们“本牡丹虾”。相对于主要分布在日本海的富山牡丹虾，这种虾只有在太平洋才有，被称为“太平洋牡丹虾”也不无道理。

斑点虾

雄踞进口“牡丹虾”之首。

尽管是冷冻的，但口感很好，并且甜味强烈。能感受到虾的鲜味，很适合搭配寿司饭。

可通过观察虾的头部来分辨牡丹虾的类型。头部有白色条纹。

资料

栖息于北美大陆的西海岸。【十足目长额虾科】

季节： 全年都很美味。

名称： 英文名叫“Spot Prawn”。日本鱼类交易市场也会叫它的英文名字。

食用： 在海边的旅馆经常用这种虾做成涮涮锅。可以试着尝试做一下，真的非常美味，只作为当地料理就太可惜了，也许可以尝试推广。

进口牡丹虾中数量最多，价格最高

这种也叫作“牡丹海老”的虾，栖息在北太平洋、北美洲大陆近海水域。在寒冷的海域很少见，是近海水域中最大的虾。它多从美国、加拿大等地进口。因为和日本国产牡丹虾是近缘种，长相相似，不仔细看头部的话几乎分辨不出来。也许是因为价格昂贵，日本各地都把它作为“本地虾”，其中还不乏一些贵得惊人的旅馆用这种虾做菜，真让人难以接受。

天使红虾

它比较接近竹节虾，从前也被当作“牡丹虾”。

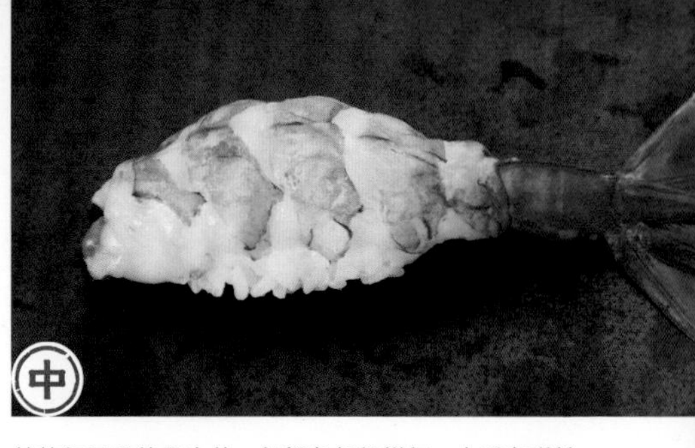

其特征是虽然是生的，但颜色却很鲜红。肉质有弹性、口感很好，还带着甘甜。和寿司饭搭配一起，余味清淡高雅也是另外一个特征。

生吃也很美味，稍微烤一下，味道会更好。虾的风味和甜味，还有弹性的口感，都吐露出“天使红虾的美味”。

资料

分布在从巴西南部至阿根廷的大西洋。【十足目管鞭虾科】

季节：全年。

名称：没有特别名称。

食用：不仅可以生吃，还可以做成天妇罗、油炸或做成西班牙海鲜饭等也同样美味。

来自南半球的虾

栖息在南美大陆大西洋近海的一种身长 20 厘米左右的虾。相对于可以作为寿司食材生吃的长额虾科（富山虾、甜虾等），这种竹节虾的同类隶属管鞭虾科。虽然也被叫作虾，但是和牡丹虾关系甚远。在南美地区是重要的食用虾，因为味道优美，所以很受欢迎。顺带一提，日本国内也有很多同类型的管鞭虾科的虾，各地都可以食用。

葡萄虾

捕捞量非常少的太平洋超高级虾。

虽然是生的，但颜色却很鲜红，略带紫色。它具有强烈的甜味和鲜味，口感宜人，与寿司饭搭配也很棒，回味甚佳。非常漂亮的握寿司，唯一的问题就是价格太高。

资料

栖息地从千叶县铫子以北到北海道的太平洋。【十足目长额虾科】

季节：全年都很美味。

名称：这种虾的标准日文名叫“葡萄海老”，因为虾还活着的时候颜色是深红色的（“绯衣”色），但是一旦死亡就变成葡萄色，所以也叫“紫虾”。

食用：因为非常昂贵，所以想直接生吃。即使剥了壳之后也发红。

“甜虾”和“葡萄虾”的区别在于虾卵的数量

栖息在从日本东北部到北海道的太平洋。在千叶县铫子以北的地区用渔笼或底部拖网等方法捕捞。在三陆渔港拍卖场上，排列着数量和种类庞大的各类海鲜，也可能只会看到寥寥数只葡萄虾。数量少的原因是，葡萄虾所属的“诸棘赤虾科”不会大量产卵。主要产地在北海道道东、三陆等地。一尾虾的进货价格超过两千日元也是常见的事。做成一贯握寿司的价格之高，简直难以想象。

缟虾

日本海三大生食虾中数量最少的。

用小型的雄缟虾做成的握寿司。成长后性别会从雄性变成雌性，在变成雌性之前的小型缟虾味道很好。虾肉独特的弹性口感，恰到好处的甜味，搭配寿司饭一起食用，回味无穷。是最高级的握寿司之一。

资料

栖息在从岛根县到北海道的日本海中。【十足目长额虾科】

季节：秋天到春天。

名称：鸟取县叫它“筋海老”。

食用：主要以生鲜方式流通的高级虾。从北海道的日本海沿岸等地活运到关东地区，可以看到虾还活蹦乱跳。

来自日本海的高级虾，捕获量很少，以至于没有多余的用来冷冻

能够从山阴地区到北海道的日本海中捕捞，与富山牡丹虾相比，个头略小。在日本海捕捞的长额虾科中，最具代表性的就是甜虾、富山牡丹虾和缟虾，它们被称为日本海三大高级生食虾。在“葡萄虾”的章节提到过，缟虾也属于这种“诸棘赤虾科”，产卵数量少，所以数量也不多。顺便说一下，这种虾与北海道东部捕获的北海缟虾经常混淆，不过，在市面上流通的本品种的虾比较多。

竹节虾

江户前寿司诞生以来的最高级的寿司食材。

现剥现做的，如同“跳舞”一样的竹节虾做成的握寿司。在日本，把虾肉在寿司饭上的跳动的样子比喻成跳舞。能感受到鲜虾特有的纯粹，而且味道高雅爽口。

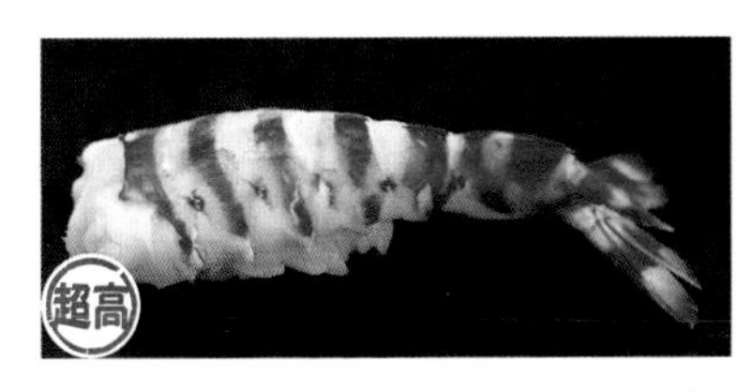

寿司厨师站在装满热水的锅前，根据竹节虾的大小和品质调整汆烫的时间，用微温的竹节虾做成的握寿司，具有强烈的虾味，一旦放入口中时就能体会虾肉的弹性，以及肉质中透出的甘甜。

资料

栖息地从日本北海道南部到九州。【十足目对虾科】

季节：秋天到冬天。

名称：在日本，小只的竹节虾叫“SAIMAKI”，随着变大叫作“卷”“中卷”，特大的竹节虾叫作“大车”。

食用：用竹节虾做成的炸虾是超高级的美味。在过去，炸虾用的食材是竹节虾和日本龙虾。

虾蟹

在水产人工养殖成功之前，这种虾非常昂贵

栖息在北海道到九州的内湾里的大型虾。江户时代在东京湾用打濑网（“底部拖网”）捕捞的渔获中最昂贵的一种。日本生物学家藤永元作的竹节虾的水产养殖研究，让这种奢华美味，走进平民百姓的生活。昭和三十年代，在山口县秋穗的海里开始进行人工养殖。现在市面上流通的大多是养殖的竹节虾。但是即使现在，这种江户前的昂贵食材也让野生的竹节虾愈发显得珍贵。竹节虾养殖量日本第一的是冲绳县。

短沟对虾

全部是野生的。在西日本很受欢迎，也有进口的商品。

虾身做成像在跳舞一样的握寿司，配上烫过的虾头。能感受到虾肉弹性的口感，以及生虾特有的淡雅味道。吃完握寿司，再把虾头中的鲜美虾浆吸到口中，或者把虾浆挤在虾肉上一起食用也不错。

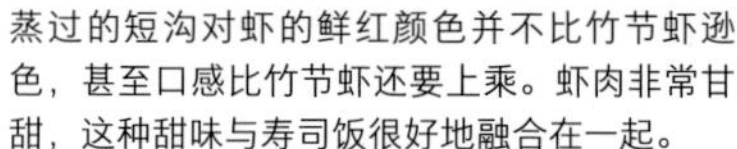

蒸过的短沟对虾的鲜红颜色并不比竹节虾逊色，甚至口感比竹节虾还要上乘。虾肉非常甘甜，这种甜味与寿司饭很好地融合在一起。

资料

栖息在房总半岛以南。【十足目对虾科】

季节：秋季至冬季。

名称：在大分县叫“KIJIEBI”，由于身体是黑色的，所以又被叫作“乌”。

食用：濑户内海都用短沟对虾做成天妇罗。体形适中、虾肉鲜红又美味。

活着的时候是黑色的，蒸过以后就变成了红色

身长约 20 厘米的中型虾，在大阪等地是高级的天妇罗食材。日本国产的短沟对虾，在滨名湖以西捕捞后以活虾的方式出售。但在日本关东的鱼类交易市场几乎看不到这种活虾。进口产品暂且不说，日本国产的短沟对虾基本都是来自西日本。许多餐厅就开在濑户内海等地的渔场附近，所以用活虾现剥现做的店家不在少数。当然，用蒸好的短沟对虾做成的握寿司味道也不错。肉质甘甜，外观看上去也很漂亮，是上乘的寿司食材。

黑虎虾

除了用作寿司食材，也经常用来做成天妇罗或油炸。

寿司厨师用蒸过的黑虎虾做成握寿司。肉质柔软甘甜，颜色漂亮，适合搭配寿司饭，虾的味道被衬托的非常美味。

这种卷寿司最早出现在名古屋，最近在回转寿司店中也出现这种用油炸黑虎虾做成的卷寿司。油炸的香味和虾的甜味融合在一起，分量大到可以当作午餐，满足感十足。

资料

分布在东京湾以南的地区。【十足目对虾科】

季节： 全年。

名称： 在中国叫“大虾”或“草虾”。

食用： 不仅用作寿司食材，油炸虾、江户前的天妇罗、日本新年的年节菜中的煮虾等，黑虎虾都是主角。

在日本就能捕获，对虾科中体形最大的

这是在日本国内捕捞到的对虾科中体形最大的虾。这种虾的标准日本名叫作“牛虾”，这是因为日语中“牛”和“体形大”是同义词。由于日本国内产的对虾类的虾越来越少，开始逐渐从其他国家进口。进口量爆发性增长的原因，是因现代虾养殖之父藤永元作的技术被推广到东南亚等地，在 20 世纪 80 年代发生了养殖技术的革命，因此黑虎虾的产量增加了。之所以能在回转寿司能吃到这种虾，是因为进口的黑虎虾价格便宜。

南美白对虾

集人工养殖技术之精华，产量迅速壮大到排名第二的虾。

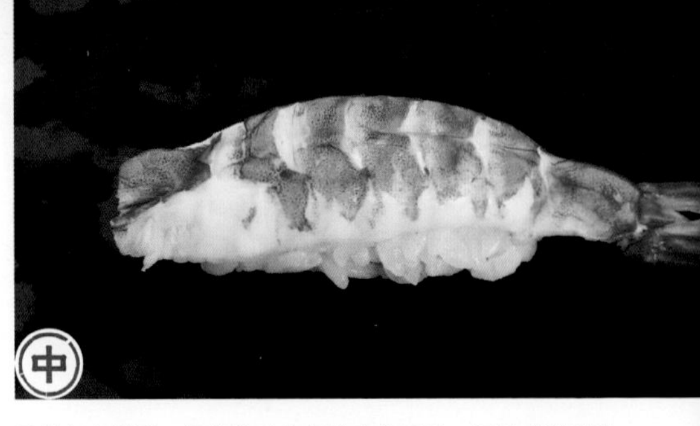

虽然红色较弱，但蒸熟后有虾特有的香味，还能感觉到甜味。肉质柔软，非常适合搭配寿司饭。

回转寿司店的经典菜：蛋黄酱虾仁。把小只的南美白对虾做成军舰寿司，配上蛋黄酱，或做成沙拉等各种各样不同的形式。虾肉和蛋黄酱、寿司饭的搭配堪称绝妙。

资料

原产地在中美洲和南美洲。【十足目对虾科】

季节： 全年。

名称：“BANNAMUEBI”。

食用： 近来，用来制作干烧虾仁的大多是这种南美白对虾。也做成冷冻真空包装，看起来很高级。

人工培育的理想养殖虾

原产于中南美洲的白对虾。原本是继黑虎虾之后在厄瓜多尔研究的新型养殖虾。转眼间这种虾的养殖就扩散到了中南美以及东南亚等地。现在，作为养殖虾主流的黑虎虾由于抗病能力弱，存在不能在同一养殖池内连续养殖等问题，但是这种新型的虾抗病能力强、成长速度快、养殖成本也低。在日本的超市没有一天看不到它，非常受欢迎。

格陵兰莱伯虾

和松叶蟹产地相同，长相如同怪兽。

用生鲜的虾肉，并在虾肉上附上虾卵做成的握寿司。入口后甘甜浓郁，虾肉弹性也恰到好处。不仅是甜，还有一股鲜虾特有的鲜味。

资料

栖息地从日本岛根县以北到北海道。【十足目藻虾科】

季节： 秋季至次年春季。

名称： 北海道叫“哥斯拉虾”，鸟取叫“五月虾”。

食用： 用拖网捕捞到这种虾，渔夫用篝火烤了吃。虽然生吃也很美味，不过可能这种狂野的吃法才能最好品尝出它的美味。

浑身都有凸起的棘，看起来像个怪物

和日本海的松叶蟹一样，生活在深200～300米的水域。虽然没有专门针对这种虾进行的捕捞活动，但是在捕捞松叶蟹时，这种虾会混杂其中，近年来有反客为主的趋势，受欢迎程度扶摇直上。再加上捕获量很少，被称为“日本海的宝石”。以日本国产为主，也有从俄罗斯等地冷冻进口的。日本的产地是岛根县以北的日本海。由于价格逐年上涨，很多人都在感叹吃不到北海道的著名“哥斯拉虾”了。

日本龙虾

在古代日本，“虾”这个词就是为日本龙虾而造的。

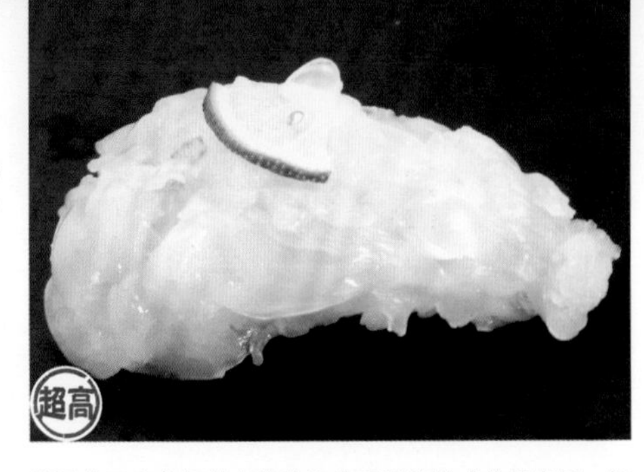

鲜活的日本龙虾从水箱中取出后迅速做成的握寿司。虾肉看起来透明而美丽。它具有活虾才有风味和特有的甘甜，非常适合搭配寿司饭。

虾肉蒸熟后会呈现出红色，看起来很豪华，甜味和鲜味也会因此增加。虾肉微微散开，搭配寿司饭，是非常漂亮的握寿司。

资料

栖息于日本茨城县以南的太平洋地区。【十足目龙虾科】

季节： 秋至春季。

名称： 关东地区叫作“镰仓虾”。

食用： 因为看起来像身披铠甲的武士，所以在农历五月五日端午节（日本儿童节）的时候食用。菜名也很有男子气概，比如“具足煮”“鬼壳烧”等。

产区是太平洋海岸。它无法人工养殖，所以全部都是野生的

栖息在温暖的礁岩浅滩海域。初夏到秋季的产卵期，原则上是禁渔的。每次庆祝活动，日本龙虾都是必不可少的食材，例如具足煮（龙虾纵切成两半后，带壳煮的传统日本料理），鬼壳烧（新鲜的虾带壳一起烤）等，从新年候装饰到聘礼等都会出现。代表产区在日本三重县和千叶县等太平洋地区。由于供不应求，从南半球和东南亚进口了类似的物种。

毛缘扇虾

像虾，又不是虾。

生食的毛缘扇虾味道在虾类中也别具一格。它具有强烈的甜味和宜人的口感。用酱油加山葵调味很不错，柑橘类水果配盐调味也很好吃。

九齿扇虾

毛缘扇虾

资料

分布在日本铫子地区以南。【十足目蝉虾科】

季节： 全年。

名称： 身体急速弯曲的时候会发出噼里啪啦的声音，所以日语中叫作“PACHIPACHI”。

食用： 山口县的特产是烤毛缘扇虾。烤过之后，白色的虾肉会膨胀起来，味道非常香甜浓郁。

曾经它是一种很常见的虾，可以大量被捕捞到。

一般被称为“毛缘扇虾”的有两种，一种是标准日本名的“毛缘扇虾”，另一种是颜色和样子都很相像的九齿扇虾，本书把这两种虾都统一叫作“毛缘扇虾”。它广泛分布在温暖的海域中，在日本西部比日本东部更常见，并且由于比龙虾便宜，而且味道还不错，所以广受欢迎。日本山口县自古盛产这种虾，并因其外观长得像虱子，而被叫作“虱”。然而由于价格年年上涨，有渔民认为，这种叫法需要改变一下了。

樱花虾

雪白的富士山配上鲜红色的樱花虾，是日本最美的风景。

用秋季捕获的鲜活小型樱花虾，去掉触须后直接做成的军舰寿司。入口后虾壳柔软，配合寿司饭，虾的味道和甜味一下子就在口中弥漫开来。

用熟的樱花虾做成的军舰寿司。恰到好处的咸味，与柔软的寿司饭混在一起，释放出虾的风味。价格适中并且味道鲜美。

资料

栖息地从日本千叶县到骏河湾。【十足目樱虾科】

季节： 三月下旬至六月上旬，十月下旬至十二月下旬是渔获期。

名称： 夏季出生至十月左右的叫“新虾”，夏季产卵前的叫作“旧虾”。

食用： 用鲜活的樱花虾和豆腐做成的“冲上锅”，从酱油制成锅底中透出虾的甘甜，是日本静冈县由比地区的特产之一。

美丽的深海虾，在神秘的大海及骏河湾中发出光芒

栖息在千叶县以南的深海海域的小型虾。在近海的中层水域游动，一到晚上就浮上浅滩。日本明治二十七年，由比地区的渔夫偶然发现了这种美丽的小虾，并开始捕捞。现在也是日本国内骏河湾的特产之一。用做干虾或油炸虾等加工品的大多是从中国进口的。能在骏河湾捕捞的只有蒲原、由比、大井川三大捕鱼协会。在过去，捕获后的樱花虾一上岸就被做成干虾出货，以生鲜方式流通是最近才开始的。

富山湾白虾

这种优雅甘甜上等口味的虾是富山湾的特产。

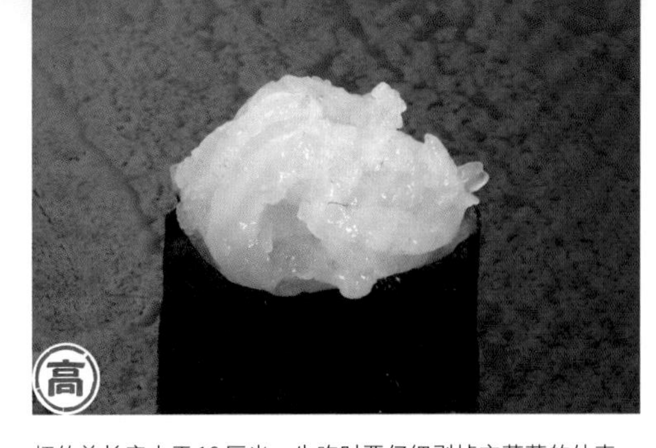

虾的总长度小于10厘米，生吃时要仔细剥掉它薄薄的外壳。淡淡的口感散发出优雅的甜味，在舌头上扩散。

虾蟹

资料

在日本全国各地广泛栖息，尤其是在富山湾。【十足目长臂虾科】

季节： 四月至十一月。

名称： 又叫作“白虾”“扁虾”“玳瑁虾”。

食用： 在过去，它作为樱花虾的替代品被染成红色，做成干虾。现在因为味道鲜美而成为富山湾味道的代表。

只能富山湾集中捕捞的，在海中游动的小虾

在一百米深的水域中如同漂浮一样地游泳。是长臂虾科中唯一可食用的。以前作为干虾在市场上流通，后来做成天妇罗或刺身，由于味道鲜美，人气高涨，逐渐成为富山湾味道的代表。每一尾白虾剥去薄壳，作为刺身食用。在上等的甜味中可以感受到虾特有的风味和弹性的口感。捕鱼期从四月至十一月，可以在很长的时间享用到这种虾。

帝王蟹

在全世界深受喜爱。无论是体形还是味道都有“蟹中之王”的美誉。

有些人会觉得像是在寿司饭上面放了一截圆木头，但是这样的分量让人心满意足。它具有强烈的甜味、适度疏松的口感，适合搭配寿司饭。入口的一刻幸福感很强。

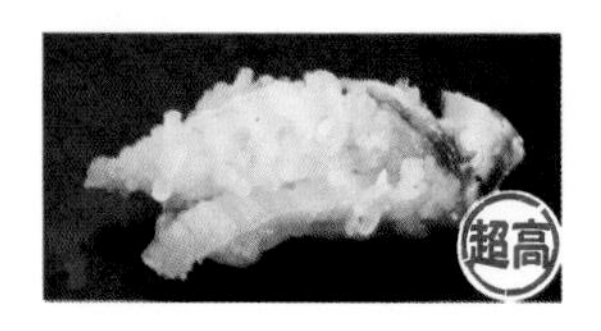

生鲜的帝王蟹剥去蟹壳，放在冰水中，让蟹肉像花瓣一样绽放。富有弹性的口感中透出的淡淡甜味，是难以舍弃的美味，但与寿司饭能否搭配，不禁让人心存疑问。

虽然会有例外，帝王蟹在被称为“心域”的外壳的正中心区域有六根突刺。

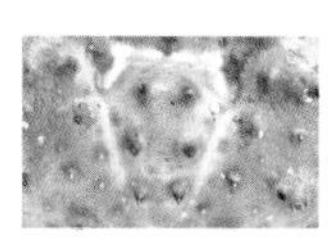

资料

栖息于北海道周边以北的地区。【十足目石蟹科】

季节：秋季至冬季。

名称：体形小的叫“ANKO”，更小的帝王蟹叫“KURAKA”。

食用：通常是蒸或煮了吃。但是如果买的是活蟹，涮煮也是不错的选择。

自古以来就是钓鳕鱼的时候顺带捕捞，没有专门针对帝王蟹的捕捞活动

帝王蟹的标准日本名叫“鳕场蟹”，而“鳕场”指的是能钓到鳕鱼的深海区域。即使在现在，帝王蟹也经常挂在捕捞鳕鱼的延绳网的钓鱼钩上而被捕获。帝王蟹不是真正意义上的螃蟹，而是和寄居蟹一样，是十足目下的歪尾亚目。虽然有十只脚，但其中有两只藏在蟹壳内看不见，从外表上看有八只。日本产量极小，大多数都是从俄罗斯、美国等地进口。冷冻的、煮过的，或者因为其生命力极强而鲜活的进口也很多。雄蟹的味道和价格都更高。比起生吃，煮过的帝王蟹甜味和鲜味更强。

油蟹

因为假冒帝王蟹而出名，但实际上也很美味。

鲜活的油蟹直接蒸熟后做成的握寿司。虽然蟹肉水分略多，也不像帝王蟹那么甘甜，但是鲜味和甜度都高于平均水平。它很适合搭配寿司饭，既便宜又美味。

石蟹科的蟹类在蟹壳下面隐藏着左右两条腿，用来清扫鳃。

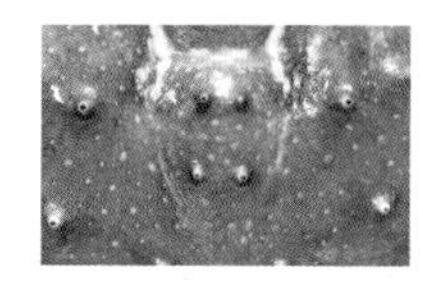

虽然会有例外，但油蟹在被称为心域的外壳的正中心区域有四根突刺。

资料

分布在日本渔业海域以北。【十足目石蟹科】

季节：秋季至次年春季。

名称：因为它的腿部有淡蓝色，所以也叫作“青蟹”。学名“扁足拟石蟹”。

食用：因为曾经发生过假冒成帝王蟹销售的事情，所以名声不太好，但实际上味道好吃，可与帝王蟹媲美。

看起来像帝王蟹，一般人根本无法分辨它们之间的差异

油蟹所属的石蟹科，是介乎于寄居蟹和真正螃蟹之间的生物。虽然有人说它是寄居蟹，而不是螃蟹，但因为“螃蟹”本身并不是分类学上的用语，所以这么说也很奇怪。标准日本名之所以叫作“油蟹”，是因为蟹壳的颜色“类似于溢出到海面上的石油”。由于它看起来像帝王蟹，因此屡次作为“假帝王蟹”，成为关注的焦点。没有日本产的，主要从俄罗斯等地进口。

松叶蟹

相当知名的松叶蟹、间人蟹、越前蟹、加能蟹等。

用盐水煮过的蟹腿做成的握寿司。如果不和店家说清楚，点松叶蟹的时候就会直接默认是这种蟹。蟹肉甜度适中，柔软的口感恰到好处，搭配寿司饭非常合适，寿司融化在口中后，回味无穷。

深秋上市的，蟹黄饱满的雌蟹煮熟后，将蟹壳做成容器，放入蟹黄和蟹腿做成的寿司。华丽的寿司即使在寒冷的季节也能使人感觉到“春天不远了”。

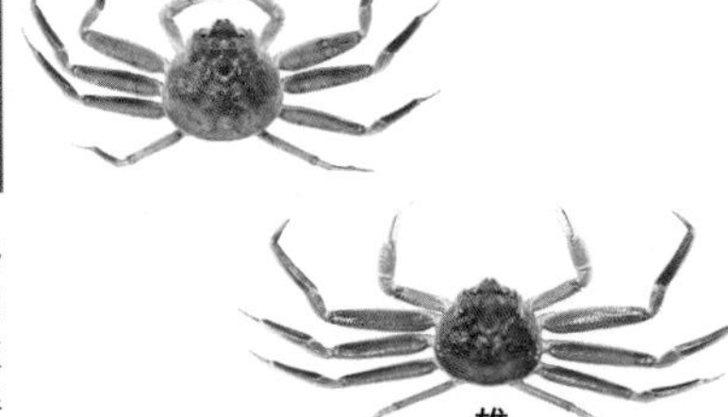

资料

分布在日本海以及犬鸣崎市以北。【十足目沙蟹科】

季节： 秋季至冬季。

名称： 雄蟹叫作“松叶蟹”或“越前蟹”。雌蟹叫作“雌蟹”“SEIKO 蟹”“香箱蟹”。

食用： 由于在寒冷的季节捕获，用炭火烤的松叶蟹，或者和时令蔬菜一起做成的蟹锅都很出名。

不只是日本海的特产，在太平洋海域也能捕捞得到

栖息在日本海、太平洋等寒冷海域的深海中。“松叶蟹”“越前蟹”是雄性蟹的名字。与逐渐变大的雄性相比，雌性体形较小，价格相对便宜。在日本海捕获的松叶蟹非常昂贵，在产地有“昂贵的雄蟹用来卖，便宜的雌蟹用来吃”的说法。不过最近从俄罗斯、美国等国大量进口冷冻或鲜活的松叶蟹，反而发生了日本国产雌蟹价格变贵这样逆转的现象。

深海雪蟹

没有煮过但颜色鲜红的深海蟹。

用蟹腿肉做成的握寿司。它具有合适的甜度，肉质柔软且恰到好处，适合搭配寿司饭。只要不和松叶蟹相比，它是可以作为主角的美味，而且价格很亲民。

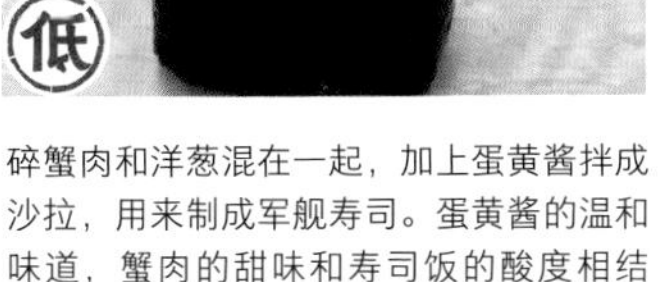

碎蟹肉和洋葱混在一起，加上蛋黄酱拌成沙拉，用来制成军舰寿司。蛋黄酱的温和味道，蟹肉的甜味和寿司饭的酸度相结合，创造出令人难以置信的味道。

资料

分布在日本海、茨城县以北的太平洋。【十足目突眼蟹科】

季节：秋季至次年春季。

名称：日本海中的蟹都叫作深海雪蟹（日本标准名叫“红蟹”）。

食用：不只是蟹肉可以食用。蟹壳还可以用作焗烤的容器，蟹壳富含有名的甲壳素。

越是深海的蟹，壳的红色越深，和松叶蟹相似，煮之前蟹壳就是红色

雪蟹比松叶蟹栖息在更深的海域。较浅的海域有颜色不太红的松叶蟹，深一点的海域则出现混种的桃红色蟹壳的雪蟹，更深的地方是这种颜色鲜红的深海雪蟹。雪蟹和松叶蟹可以混种，可见这两种蟹很相似。在日本海捕获量比松叶蟹多，即使没有煮过蟹壳也是鲜红色的，所以标准日本名称为“红蟹”，但是蟹腿肉不会变成红色。此外，比起松叶蟹，深海雪蟹肉质中的水分较多，味道一般，所以价格也格外便宜。

虾蛄

以前是平民的味道，现在由于离产地较远而变成了高级食材。

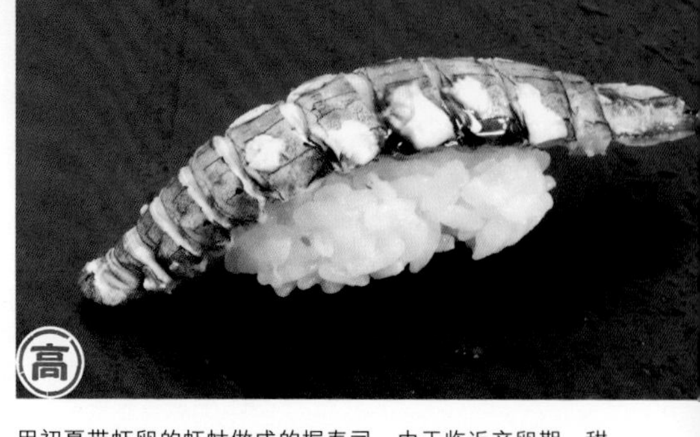

用初夏带虾卵的虾蛄做成的握寿司。由于临近产卵期，甜度也随之增加，具有浓郁的甜味和鲜味，带有些黏糯的口感的虾蛄卵巢“鲣节”，更是让美食家赞不绝口。

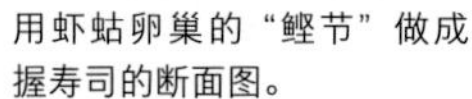
用虾蛄卵巢的“鲣节”做成握寿司的断面图。

资料

栖息地从北海道到九州。【口足目虾姑科】

季节：初夏到夏季。

名称：曾一直被当作虾。

食用：在日本关东地区煮着吃。濑户内海的鲜活虾蛄，也可以在自家用酱油做成的酱汁煮了吃。在非常喜欢虾蛄的冈山县，家家户户都有自用的虾蛄剪刀，在餐桌上边剪边吃。

以前徘徊在城市环抱中的大型内湾里

虾蛄虽然和虾、蟹都属于甲壳类，但却是完全不同类别。虾蛄栖息在东京湾、三河湾、濑户内海等河川流入的内湾，并在海底以捕捉小虾和鱼类为食。过去在江户前的芝以及品川等地区可以大量的捕获到这种虾，但是现在都已经消失了，被认为是最上等品的神奈川县小柴产的虾蛄，数量也急剧下降。在日本全国范围的捕获量也逐年递减。近年来备受瞩目的是北海道石狩湾产的虾蛄。来自中国等地的虾蛄也非常引人注目。

海胆

来自世界各地。

智利海胆
目前海胆中最便宜的智利产海胆。可能是因为产地较远且加了明矾，有时会有偏苦的口感。

加拿大海胆
有时会被大量进口到日本上市销售，是回转寿司店的主力商品。在日本吃到的这种海胆都有点没味道。

海胆是雌雄异体的生物（有雌海胆和雄海胆之分），可食用的部分不仅有卵巢，还有生殖巢，无论雌雄，都可以食用。生殖巢在海胆壳内排列成五角形。

资料

海胆目大马粪海胆科、海胆科。
名称：英文写作“Sea Urchin”。

海胆是什么样的生物？

海胆在大的分类中属于棘皮动物，除海胆之外还包括海参和海星，特征是全身都有突刺或突起。在日本的食用海胆有从俄罗斯进口的紫海胆和虾夷马粪海胆。这两种就占了海胆总数的一半以上。日本产的还有马粪海胆、红海胆、紫海胆以及鹿儿岛县以南产的白棘海胆等。

此外，还有从智利进口的智利海胆、从加拿大及美国等地进口的加州大马粪海胆、美国紫海胆等。第二次世界大战后，原本仅在产地附近食用的海胆开始在全日本流通。基本上都是去壳后装在木箱中上市销售。近年来，在鱼类交易市场拍卖的海产品几乎越来越少了，但海胆却是个例外，其价格与金枪鱼一样通过拍卖确定。

虾夷马粪海胆

色泽鲜艳，在日本西部很受欢迎。

用日本国产的小型虾夷马粪海胆做成的军舰寿司。它具有很强的甜味和风味，可以做成印象深刻的一贯握寿司。

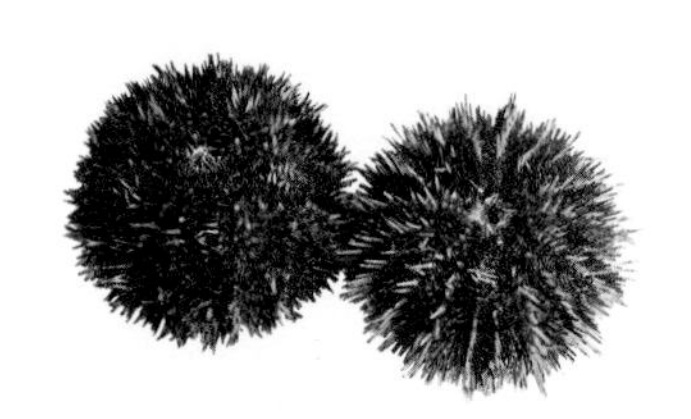

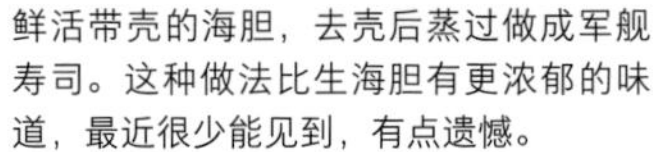

鲜活带壳的海胆，去壳后蒸过做成军舰寿司。这种做法比生海胆有更浓郁的味道，最近很少能见到，有点遗憾。

资料

分布在福岛县以北的太平洋、山形县以北的日本海和北海道。【海胆目光棘海胆科】

季节：除夏季至秋季的禁渔期外，其他时节味道鲜美。

名称：在北海道叫作“GANZE”，市场上因为其生殖巢的颜色把它叫作“红”。

食用：不仅有生鲜的，还有罐装和蒸制过的。加热后味道变得浓郁。

和紫海胆并称日本两大海胆

在寒冷的海域，以海带等藻类为食。在过去，它作为海带的天敌而被驱除。虾夷马粪海胆外壳上的突刺很短，呈绿色，可食用的生殖巢，因为颜色而在鱼类交易市场被称为“红”。大部分都是北海道以及俄罗斯产。俄罗斯产的比较便宜，北海道的利尻岛和礼文岛等地产的会非常昂贵。挑选海胆不是根据产地，而是根据发货公司的名字。“羽立”“菊”这些公司都很有名，而且大多数都在北海道。

北紫海胆

日本关东地区最贵的海胆。

没有做成军舰寿司，而是直接捏在寿司饭之上。味道淡雅，口感宜人。与寿司饭一起搭配时，寿司饭的酸味和海胆的甜味及鲜味完美融合。

资料

分布在从相模湾到襟裳岬一带以及北海道的日本海以北。【海胆目光棘海胆科】

季节：深秋至次年夏季。

名称：北海道叫“NONA”。鱼类交易市场叫“白”。

食用：福岛县产的“烤海胆”等少数加工过的海胆产品中大放异彩，实际上更接近于蒸煮，而不是烤制，但味道非常鲜美。

与马粪海胆是近亲，与紫海胆却是远亲

日本的东北部地区、北海道等地的长刺海胆。如果因为标准日本名中带有“紫海胆”这几个字，就以为它和紫海胆类似的话，就大错特错了。实际上这种海带隶属光棘海胆科，与虾夷马粪海胆或马粪海胆才是同类。日本国内使用的大部分海胆都是北紫海胆，以及从美国、加拿大等国进口的其他类似海胆。一般因为生殖巢的颜色被称为“白”。味道高雅，海胆的香味稍弱一些，伴随着独特甘甜的苦味也不错，回味甚佳。

红海胆

味道上乘且余味甚佳，在日本关东以西地区，红海胆的上市宣告着夏天结束了。

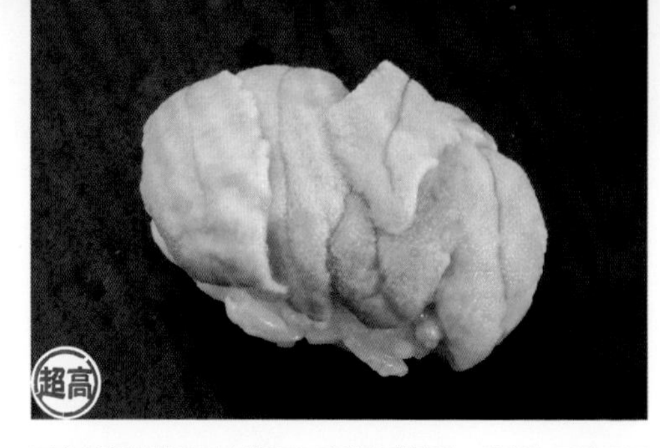

厚度最高的当季时令海胆。味道高雅清淡，所以为了避开军舰寿司做法中海苔的味道，直接捏在寿司饭上。只有放在舌尖品尝，才能体会到这种海胆味道的鲜美。

资料

分布在东京湾的九州。【海胆目光棘海胆科】
季节：秋季。
名称：也被称为“ONIGAZE”。
食用：最能体会到秋季的海胆。岛根县产的咸海胆更是绝品美味。

西日本主要食用的从夏季到秋季捕捞的海胆

虽然在比较温暖的海域可以捕捞到这种海胆，但渔获量却比日本北部的北紫海胆以及虾夷马粪海胆要少得多。同一海域的紫海胆在春天比较多，但是红海胆到了夏天才能看到，一直到秋天都够被捕获。它在海胆中具有浓厚的鲜味，而且余味甚佳，因此价格可能非常昂贵。虽然在关东的三浦半岛等地也能捕捞到，但基本上还是以纪伊半岛以西为主要产地。

白棘海胆

在冲绳地区，如果提到海胆就是指这种白棘海胆。

如果以为产自热带海域所以味道清淡，那就错了。海胆特有的风味恰到好处，甘甜浓郁，即使与寿司饭搭配也能感受到它的风味，堪称绝品。

资料

虽然和歌山县的南部也有，但主要产地还是在鹿儿岛县南部和冲绳县。【疣海胆目毒棘海胆科】

季节： 夏季。

名称： 鹿儿岛叫“岛海胆”。冲绳叫“GACHA”。

食用： 热带也有海胆？说到海胆，脑海中就会浮现出北海道或日本东北部、日本海，但即使在热带地区，也可以捕到这类海胆。

其他

栖息在珊瑚礁中的大型夏季海胆

主要产地是日本鹿儿岛县南部的岛屿及冲绳等地。在冲绳和奄美大岛，白棘海胆是代表夏天的味道。在日本国内捕捞到的光棘海胆科及长海胆科都属于海胆目，但是这种海胆却属于疣海胆目。白棘海胆所属的毒棘海胆科的同类在美洲佛罗里达等地也同样会被食用，据说是热带和亚热带才会有的海胆。这种大型海胆的海胆壳直径超过了10 厘米。

日式煎蛋

不同的寿司店在每个地区都有各自的做法和口味。

日式高汤煎蛋　袋状

将做好的日式煎蛋切成一人份大小，在煎蛋的中间部位切个口子，做成袋子状，然后塞满寿司饭，这是最近常见的做法。爽口的寿司饭充满了鸡蛋的香味。

京都寿司店的日式煎蛋（“玉子烧”）与江户前寿司的风格不同，极富创意。北山的“武鮨”寿司店里的“玉子烧”现点现做。能感受到酒和味醂的甘甜交织在一起的独特味道。

其他

薄烧煎蛋和厚烧煎蛋现在已成为主流

江户前寿司不可缺少的是红肉金枪鱼和日式煎蛋。即使没有白肉鱼，也不会有寿司店不卖日式煎蛋。从日式煎蛋的味道就能看出寿司店的档次。日本江户时代到第二次世界大战之前，鸡蛋是非常昂贵的东西。当然日式煎蛋也是一道好菜，所以每家寿司店都下了一番功夫来制作它。在寿司食材中，日式煎蛋最具代表性的有以下三种类型：

薄烧煎蛋

蛋液与虾肉泥混合，然后用味醂、盐和糖调味，煎成很薄的蛋卷。基本使用小红虾或者天使红虾这些小型虾。甜度适中，略带虾味。

厚烧煎蛋

蛋液与鱼肉泥混合，然后用味醂、盐和糖调味后，正反两面煎烤。质地像蜂蜜蛋糕，甜味浓郁。

1．薄烧煎蛋

在虾肉泥中加入蛋液，用味醂、盐和糖调味后，煎成很薄的蛋卷。

2．厚烧煎蛋

在鱼肉或者虾肉泥中加入蛋液，用味醂、盐和糖调味后，煎成厚的蛋卷。

3．日式高汤蛋卷

在蛋液中加入柴鱼片调过味的日本底汤，用味醂、盐和糖调味后，一点点加在煎蛋锅中，让它慢慢变厚，直至煎成。

此外，还有在鱼类交易市场出售的“河岸玉”等各种不同形状的日式煎蛋。原本的江户前握寿司主要是前两种，最近，日式高汤煎蛋进入了全盛时期。

海苔

产量惊人，即使全世界每人吃一片，也会有剩余。

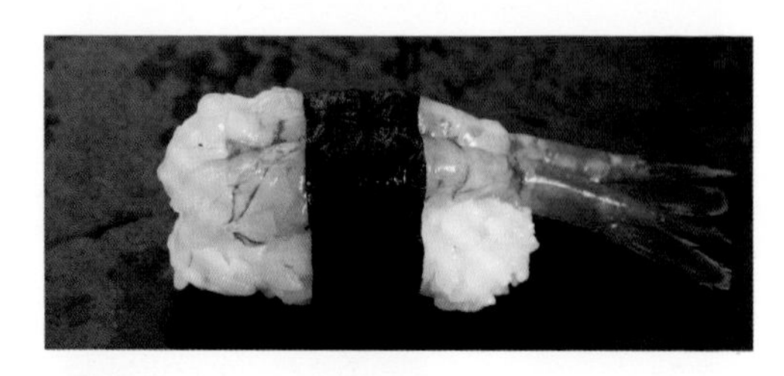

海苔带
用带状海苔固定住不稳定的寿司食材。这种形状的海苔被称为海苔带，它配合不同的寿司食材，运用在越来越多彩的料理中。

海苔卷
通常所说的海苔卷指的是干瓢卷。此外，还有包着金枪鱼肉的铁火卷、包着黄瓜的河童卷以及纳豆卷等。

军舰寿司卷
第二次世界大战前在银座的寿司店诞生的军舰卷。通常包含海胆、鲑鱼子，最近还加入了沙拉等这些不容易固定的寿司食材。

资料

产地日本从北海道到九州。
季节：冬季。
名称：古代日本称为“紫菜”。
食用：在日本、韩国、中国生产。产量最多的是日本，每年 80 亿到 100 亿张，但还需要从韩国、中国等地进口。

从浅草海苔到荒海苔，叫法在不知不觉中更换着

一般被称为“海苔”的是红毛菜科甘海苔属的植物。因为含有红色的色素，所以是红藻类。甘海苔属的种类很多，一般人工养殖的叫“海苔”，而野生的叫“岩海苔”。从江户时代前到第二次世界大战后的经济高速发展期，内湾生长的是标准日本名为“浅草海苔”的一种海苔，在东京湾等地被人工养殖，随着内湾污染的加剧，被抗病和抗污染能力更强的新品种“荒海苔”取代。

寿司用语

E 型回转寿司店 回转寿司的一种形式。传送带的一端是客人的座位，而另一端是厨房。寿司的准备区域与客人的就餐区域相分离。原则上由机器人准备寿司。

KABESU 是观赏歌舞伎的时候必备的三件物品的首字母的缩写。“KA”是糕点，“BEN”是便当，“SU”是寿司。那时的寿司有主料金枪鱼、章鱼、小肌和日式煎蛋等。

O 型回转寿司店 回转寿司的一种形式。寿司厨师在椭圆形传送带的中间准备寿司。

白肉 肌红蛋白是一种含有红色色素的蛋白，不包含这种肌红蛋白的部分叫作白肉。另外，肌红蛋白含量不高的鱼被称为白肉鱼。

白子 主要是鱼类的精巢。通常，真鲷、真鳕鱼等鱼的精巢比“真子”（鱼类的卵巢）还要贵。

棒身（棒肉） 蟹腿部分的肉是棒状的，因此得名。

贝柱 负责双壳类贝壳开合的肌肉。一般是前后各有一个，但是像和扇贝等相似的贝类，只有后面的后闭壳肌叫贝柱。

标准日语名 通常生物的物种名称是拉丁文。为方便起见，在每个国家或者地区以当地的语言表示，但在日本，标准日语名即“和名”，是作为图鉴等而使用的标准名称。它绝不是流通界和食品界的基本叫法。

茶汤 寿司店的茶汤使用热水冲泡茶粉做成，如果想要浓一点就多加些茶粉。

稠酱汁 把星鳗、文蛤等煮过的汤汁煮至变浓为止。根据寿司店的不同也会加入味醂和砂糖调味。适用于星鳗、虾蛄、章鱼等。

葱花金枪鱼肉泥 由鱼脊骨上取下的鱼肉捣碎后和葱花拌在一起做成。原本，寿司店或者金枪鱼店的葱花金枪鱼肉泥是都是自制的，但在最近是用长鳍金枪鱼、黄鳍金枪鱼或者筋肉较多的大目金枪鱼作为加工材料，添加食用油加工，变得商品化。

醋 把米蒸熟发酵制成酒的过程中，酒类中的糖或氨基酸在醋菌的作用下变成醋，称作米醋。会有强烈的发酵气味。寿司用的醋一般是香味较弱、无明显特征的白醋或用酒糟制成的红醋。现在最常用的是前者。

醋渍 将鱼、鱿鱼等抹盐后清洗一次，然后浸入生醋或甜醋中腌渍。在关西地区，它被称为“生寿司”。

大叶 绿紫苏。紫苏科中紫苏的绿叶。在日本爱知县等地，因其生产地区的名字有的时候称为“大场”。它也被用作沙丁鱼和鲣鱼的调味品，以及卷寿司的成分。

腹肉 它原来是指金枪鱼的腹部和油脂多的部分，但最近它已被广泛用于指“油脂多的部分”。据说这是在东京日本桥的寿司店里诞生出来的一个词。根据油脂含量的多少又可以分为“中腹”“大腹”等。

柑橘类 是指柑橘科植物的果实。有柚子、醋橙、臭橙、酸橙、柠檬等。果皮和果汁都可以使用。

瓜卷 用奈良渍做的海苔卷寿司。

贯 现在是指一个握寿司。在过去，握寿司比较大，重约 100 克。当然一般人没办法一口吃掉，所以就切成两个，所以也有一种说法是“贯”指两贯握寿司。顺便说一句，“贯”这个词本身就模棱两可，不能作为标准重量或大小。

海苔带 也叫“带海苔”。这种细的海苔带用来固定容易在寿司饭上散开的寿司食材。

河童卷 日本关西称为“黄瓜卷”。昭和四年（1929 年），由大阪市北区曾根崎的寿司店“甚五郎”的店主大宅真次郎所发明。

横条纹 连接鱼的头部和尾部，与垂直条纹相对的线（条纹）的图案。对于海胆来说，它是活海胆向左或向右或在圆周上延伸的线条（条纹）的图案。

红肉 鱼的肌肉中含有一种叫作肌蛋白的红色色素的蛋白质。存在于鲣鱼和金枪鱼等一生能够长距离游泳的鱼，有助于有效地循环海水中的氧气。富含肌红蛋白的鱼称为红肉鱼。

虹吸管 像象拔蚌或者白象拔蚌等这些贝类的虹吸管，可以做成寿司的食材。虹吸管是由外套膜变化而成，用来吸收海水，进行呼吸，并将海水中的有机物吸入作为食物。有入水管和出水管。

回转寿司 1958 年出现在日本大阪府布施市（现东大阪市）。寿司厨师将捏好的寿司放在传送带上，然后顾客根据自己的喜好从传送带上取下食用的一种寿司店形式。

活缔法 用刀等工具让鱼立即死亡。它可以防止鲜味来源的单磷酸腺苷减少，并延缓鱼死后的肉质僵硬时间。有两种处理方法，一种是在钓到鱼后立即将其杀死，另一种是在让其在笼子里游一段时间，然后再杀死。后面一种方法处理过的鱼肉味道更好。

甲壳类 生物分类为“甲壳纲”。包括虾和螃蟹十足目，以及包括虾蛄在内的口脚目的生物。

金枪鱼块 金枪鱼（里脊肉）纵向四等分，然后前后三等分，或者直接四等分。

卷 “加利福尼亚卷”“寿司卷”或者“卷寿司”等，用海苔卷起寿司饭和寿司食材做成。传统的手卷也是其中一种。

卷寿司 握寿司吃到最后用海苔包起来吃的方法。当吃海苔卷时，意味着“吃到最后一个寿司”了。

军舰卷 寿司饭用海苔包裹成如同军舰一样的形状后，再在寿司饭上面加上寿司食材。还有说法是它是由东京银座的一家寿司店发明的。

科 生物从上到下大致分为“界”“门”“纲”“目”“科”“属”“种”等。“科”是指在形态上相似，被归类成同一系统的生物群。

两贯 握寿司以两贯为一单位提供。第二次世界大战后握寿司变小，才开始这样做。

亮皮鱼 通常指身体会发出银色光芒的小鱼以及用醋腌渍过的鱼。近来也指背部是青色的鱼，如白腹鲭或马鲛鱼。

米糠腌萝卜 米糠腌萝卜有两种，一种是先把萝卜晒干之后，再放在米糠内腌制，而另外一种是不晒萝卜而直接撒盐让萝卜适当去除水分之后用调味料腌制入味。后者常用在“金枪鱼腹”类寿司（用金枪鱼身较肥的部位和米糠腌萝卜一起做成的握寿司）。又被称为“东京米糠腌萝卜”寿司。

木津卷 也就是干瓢卷。在过去大阪市的木津地区（现为郎速区）是干瓢（葫芦）的产地。

目 生物从上到下大致分为“界”“门”“纲”“目”“科”“属”“种”等。“目”是指在形态上有共通点，被归类成同一系统的生物群。

内子 虾、蟹等甲壳类动物在产卵前身体内的卵（与“外子”相对）。

皮霜法 鱼肉的一种处理方法，用在鱼皮本身以及皮下带有鲜味的鱼。具体做法是将热水倒在鱼皮上烫过后，立即浸入冷水，再擦干。鱼皮会变得柔软，鱼腥味也可以消除。

切鱼 将鱼分成上、下和带有中间的骨头的三片后，再去掉鱼皮和鱼骨，然后切成用寿司食材的大小。

青背鱼 以鲭鱼为首的洄游鱼的背部，也就是面向海面的部分是蓝色的鱼。不过，最近广泛用于指代秋刀鱼、沙棘鱼等洄游鱼，经常与亮皮鱼等混淆。

肉松 螃蟹或鱼肉等煮过之后散开的肉。就螃蟹而言，它可能是指可以从壳下或腿底取下的肉的部分。

软体动物 正式名称为“软体动物门”。像海螺类、双壳贝类、乌贼、章鱼等，都是身体柔软并且被大大的外套膜包裹着的软体动物。

散蛋黄松 蛋黄打散后，加入糖、味醂和盐调味，在锅中炒干至没有水分。多用于散寿司。常用来腌制煮虾让它入味或者对小鱼进行调味，比如针鱼和小肌。

沙拉 基本寿司食材和野菜类混合后，再用蛋黄酱拌在一起。有各种各样不同的形式。

山葵 有本山葵（照片上）和粉山葵（照片下）两种。本山葵是十字花科的山葵属植物的根茎。它被碾磨碎后会释放很浓郁的香气。粉山葵是由西洋山葵（又称为辣根）制成的，气味淡，价格低廉。在寿司店，它也被称为“NAMIDA”。

上鱼 高级寿司食材。比如金枪鱼、春日子（鲷鱼的幼鱼）、虾、针鱼、沙梭鱼等（与“下鱼”相对）。

烧霜 对于鱼皮以及鱼皮之下都有鲜味的鱼类，尤其是硬皮鱼，用明火或火焰喷枪炙烤鱼皮表面后，马上过冰水，然后用布擦干的处理方法。

手纲卷 金枪鱼、鱿鱼和小肌等多种寿司食材斜放在寿司卷帘上铺成平板的模样，然后卷上寿司饭。

手卷 据说始于寿司店的员工菜。不用寿司卷帘，而直接用手把寿司食材卷入半份海苔做成的寿司。据说在第二次世界大战前，这种寿司形态就已经存在了。

寿司场 寿司厨师握寿司的区域或场所。

寿司店用茶 寿司店提供给客人的茶。不是上等的煎茶，而是以鱼为主的寿司店为了去除腥味，清爽味蕾，会用开水冲泡的粉茶。

寿司饭 米饭用醋、盐和糖调味。在寿司店，它被称为“shari”。这是因为当时米饭很珍贵，被称为“舍利”，即佛骨。

寿司姜 生姜（新姜）切成薄片后，浸入甜醋中腌渍而成。当咀嚼腌渍的司姜时，会发出GARIGARI的声音，所以叫作“GARI”。

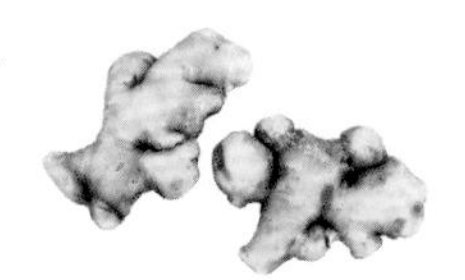

寿司卷 寿司卷有“细卷”和“太卷”“中卷”等不同大小之分。“细卷”是和江户前握寿司一起诞生的，是将海苔切成两半再卷成的。黄瓜卷，干瓢卷等非常普遍。太卷是由一枚海苔制成，是关西和日本家常菜中很常见的料理。

寿司卷帘 汉字写成“卷帘”，单一的寿司食材用这种棉线穿起的竹签寿司卷帘，卷成成方形。用于制作寿司细卷，或者调整日式煎蛋的形状。

寿司料 放在寿司饭上的食材。通常，它也被称为“寿司种”，“SUSHINETA”或简称为“NETA”。

寿司 把寿司放在上面端给客人的时候，用木头做的有脚的砧板状的器皿，看上去像没有鞋带的木屐（日语中叫“下駄”）。

寿司食材加工 把寿司食材处理成可立即切片使用的状态，根据加工准备的状态的不同有不同的叫法，比如“粗加工”和“中加工”。

寿司食材透明柜 寿司食材冷藏柜的一种，寿司食材或者是切成食材前的原料都放在这里，让客人可以透过玻璃看清楚。寿司食材透明柜前面的吧台座位是寿司店里最上等的座位。

寿司台　寿司师傅把捏好的握寿司端给客人的时候，放在客人面前的桌台。以前寿司是直接放置在寿司台上，后来寿司改成放在盘子和叶兰的叶子上，最近已经很少看到（参见“序言”部分）。

属　生物从上到下大致分为“界”“门”“纲”“目”“科”“属”“种”等。“属”是指在形态上非常相似，有的时候可能进行交配的物种。

四分之一的鱼肉　金枪鱼拆切为三块后，一半的鱼肉再垂直切成两半。

太卷　在日本关西等地区，有用两片海苔卷成的更大的寿司卷。

跳舞　活虾在客人下单后，现剥现做成寿司食材。把虾肉做成在寿司饭上的跳动的样子，比喻成跳舞。

铁火卷　以金枪鱼的赤身肉为心做成的海苔卷寿司。据说原本是方便在赌场（“铁火场”）下赌注时吃的寿司卷。

头足类　正确的叫法是“头足纲”。是指从头部直接长出腿的生物，如乌贼、章鱼等的总称。

外套膜　双壳贝类中的赤贝或者扇贝的外套膜部分。可以享受脆爽又有嚼劲的口感。

外子　甲壳类中十足目的虾、螃蟹属于孵卵类型（对虾科类以外的孵卵亚目）的生物在产卵后一定时间内会抱在腹足上保护。外子指的是产卵后处于被保护状态的卵。味道不如内子（参见“内子”词条）。

丸 TSUKE　就是用整条鱼或者整条章鱼做成一份寿司食材，做成握寿司。小型的鱼刚好可以做成一贯寿司，所以有的时候又称为“丸 TSUKE 大小”的寿司。

未调味寿司饭　没有用醋、盐或糖调味的普通米饭。

握寿司　用手捏制寿司这一动作的正确的叫法是“TSUKERU”。原本寿司是作为“腌制物”（发酵食品）而得以此名。在过去，寿司就是腌制物通过“押寿司”这种方式制作而成，在古代寿司不是通过“握”，而是通过TSUKERU 做出来的。此外“丸 TSUKE”就是用一整条鱼作为一份寿司食材做成的握寿司，而“片身 TSUKE”则是用半条鱼作为一份寿司食材做成的握寿司，“2 枚（3~5 枚）TSUKE”就是用两条（或多条）作为一份寿司食材做成的握寿司。

虾青素　鲑鱼、虾和蟹等含有这种红色色素成分。具有高抗氧化性和防止氧化性能，备受瞩目。

下鱼　相对便宜的寿司食材。而像小肌、紫鸟贝或文蛤等被称为“上鱼”。

兄贵　前一天剩下的寿司食材。还有寿司厨师把新准备的寿司食材叫作“弟弟”（OTOUTO）。

胸鳍肉　附着于金枪鱼胸鳍部位的肉，胸鳍相当于人类的肩部。胸鳍肉是指从这块区域取出富含油脂的部分。

鳕场　太平洋鳕鱼和阿拉斯加鳕鱼栖息的位于五百米以上的深海海域。例如，“鳕场蟹”原本就是泛指栖息在深海的蟹类，而不是特指某一类甲壳类动物。

血合肉　富含血红蛋白和肌红蛋白肌肉，它们含有将氧气在体内输送的红色色素。这种血合肉在长距离和长时间游泳的鱼类中比较常见，但是像真鲷或者剥皮鱼这些不会长距离洄游的鱼类中就比较少。

腌制　将寿司食材在酱油或酱料（酱油、料酒混合料）中腌制一定时间后做成的握寿司。它也是指金枪鱼的红肉的术语。

野外现杀　让鱼贝类在捕鱼过程中立即死亡。不能立即死亡的鱼贝类会在反抗挣扎中让体内产生鲜味成分的三磷酸腺苷急速流失。这样会造成鱼贝类肉质提早变硬，口感也会随之变差。

叶兰　近来，相比于竹叶，叶兰更容易被切成鹤或者龟的形状。通常，它被放在握寿司的器皿中，用作分隔寿司用。还有用塑料材料的作为分隔，但实际上用叶兰才是更普遍的做法。

印笼　在鱿鱼躯干中装满寿司饭。

鱿鱼腿　鱿鱼的腿部（触须），可以单独用作寿司食材。

鱼脊骨肉　把鱼拆成三块后，附着在最中间的鱼脊骨上面的肉。主要用于大型鱼，尤其是金枪鱼身上，是做铁火卷和葱花金枪鱼肉泥的原料。

鱼片　金枪鱼肉切成相同长度的长方形（日文中叫作“册”）。通常将金枪鱼块沿垂直方向切成一定厚度。如果是鲑鱼，就叫作“SAKUDORI”。

鱼群下潜　鱼群等移动至更深水域以躲避严寒。

鱼头肉　又被称为“脑天”“头之身”等。汉字写作“八之身”。因为金枪鱼的头部也被称为“钵”，所以也可以写作“钵之身”。鱼头从眼睛上方到鱼嘴的两条长圆柱状肉，口感柔软而脂肪丰盈。

鱼虾肉松　把虾和鱼等煮过，鱼虾肉弄散再进行调味。之后用热锅把虾肉和鱼肉水分煎干。许多被染成带有食用色素的红色。它也被用于夹在寿司食材和寿司饭之间，以及给散寿司着色。

玉　日式煎蛋（“玉子烧”）的寿司厨师的用语，客人向寿司厨师点单的时候，不要使用这个词。

站立店　也称“立店”或“站立寿司店”。在过去，寿司是“在小吃摊上出售并站立着吃的”一种食物。也有的说是为了将其与在榻榻米（“座敷”）上用餐的高档餐馆区分开而诞生这个名字，相对于“座敷”这种坐着吃的寿司店，这种“立”着吃的寿司店比较便宜。还有一种说法是以前的寿司厨师在店内坐着捏寿司，直到第二次世界大战之前，它才变成了现在的这种站着捏寿司的形式。

真子　鱼虾贝类的卵巢。用蟹、虾蛄以及鱼类的卵巢做寿司食材的情况也很多见。

蒸虾 虾在热水中煮熟后被称为“煮虾”，但寿司厨师称其为“蒸虾”。

炙烤 切好的寿司食材用喷枪或者直接用火烤。最近也有的厨师直接把寿司食材放在寿司饭上再炙烤。

煮切 把酱油、味醂、料理酒以及日式煮汁等煮到浓缩成约原来的两成做成的酱汁。鱿鱼、赤身肉等做成握寿司后，再涂上这种酱汁。

紫 酱油。

索　引

（按汉语拼音顺序）

H

J ~ L

M、N

P ~ R

S、T、W

X～Z

原日语版参考文献

『握りの真髄 江戸前寿司の三職人が語る』（文春文庫）
『江戸前寿司への招待 寿司屋のかみさん、いきのいい話』（佐川芳枝　PHP研究所）
『神田鶴八鮨ばなし』（師岡幸夫　新潮文庫）
『聞き書 ふるさとの家庭料理 第一巻 すし なれずし』（農文協）
『塩釜すし哲物語』（上野敏彦　ちくま文庫）
『偲ぶ 與兵衛の鮓』（吉野曻雄　主婦の友社）
『いい街すし紀行』（里見真三　写真・飯窪敏彦　文春文庫）
『すきやばし次郎 旬を握る』（里見真三　文春文庫）
『すし技術教科書〈江戸前ずし編〉』（全国すし商環境衛生同業組合連合会監修　旭屋出版）
『すし技術教科書〈関西ずし編〉』
（全国すし商環境衛生同業組合連合会監修　荒木信次編著　旭屋出版）
『鮓・鮨・すし すしの事典』（吉野曻雄　旭屋出版）
『すしの事典』（日比野光敏　東京堂出版）
『すし物語』（宮尾しげお　自治日報社出版局）
『東大講座 すしネタの自然史』
（大場秀章、望月賢二、坂本一男、武田正倫、佐々木猛智　NHK 出版）
『寿司屋のかみさん うまいもの暦』（佐川芳枝　講談社文庫）
『すしの貌 日本を知る 時代が求めた味の革命』（日比野光敏　大巧社）
『日本の味覚 すしグルメの歴史学』（岐阜市歴史博物館）
『ベストオブすし』（文春文庫）
『弁天山美家古 浅草寿司屋ばなし』（内田榮一　ちくま文庫）
『弁天山美家古 これが江戸前寿司』（内田正　ちくま文庫）
『図説有用魚類千種 正続』（田中茂穂・阿部宗明　森北出版　1955 年、1957 年）
『日本産魚類検索 全種の同定 第二版』（中坊徹次編　東海大学出版会）
『東シナ海・黄海の魚類誌 水産総合研究センター叢書』
（山田梅芳、時村宗春、堀川博史、中坊徹次　東海大学出版会）
『日本近海産貝類図鑑』（奥谷喬司編著　東海大学出版局）
『新・世界有用イカ類図鑑』（奥谷喬司　全国いか加工業協同組合）
『世界海産貝類大図鑑』（R.T. アボット、S.P. ダンス　監修訳 波部忠重、奥谷喬司　平凡社）
『ウニ学』（本川達雄編著　東海大学出版会）
『新顔の魚（復刻版）』（阿部宗明　まんぼう社）

卷尾语

我研究可食用生物已经30年了。从开始调查寿司食材，并实际做成寿司，食用这些寿司并拍照记录下来，也已经过去了近15年。可以作为寿司食材而拍摄的物种数量即将达到1000种，而寿司食材的数量也即将达到2000种。

这些握寿司全部出自寿司厨师渡边隆之先生（Takayuki Watanabe）之手。暂且不论一般的寿司食材，他还会准备一些在日本国内没有很多人吃过的鱼贝类，并做成握寿司。有些是不想再碰的寿司食材，也有比以往吃过的寿司更美味的东西，他和这些寿司食材，每天都过着充满喜怒哀乐，五味杂陈的日子。

渡边先生最近常说："这样的研究现在也差不多该停止了吧?"我却觉得："这仅仅才是开始呢，还有很多的食材有待发掘。"海鲜种类庞大繁多，日本提供的寿司食材种类数量实际在1000~2000种。

本书收纳了所拍摄的寿司食材中比较受欢迎的料理，以及在日本各地实际使用的寿司食材。不过今后新颖的寿司食材也会不断增加。

制作一本"寿司食材的图书"，至少也需要十年左右的时间。本书的编写虽然有赖于过去累计的研究成果，但即便如此，自策划以来也花费了相当长的年月。虽然还没有走完一半的路，但我想让读者通过本书可以了解大部分的"江户前寿司的基本知识"。

当您读完这本书，再品尝寿司时，如果能够体会到完全不一样的感觉和味道，那么这本书创作的初衷也就达到了。

坊主蒟蒻

坊主蒟蒻

尽管有着奇怪的名字，但是物美价廉！

漂亮的白肉做成的握寿司。它像本书作者本人一样，皮下的脂肪肥厚又甘甜。搭配寿司饭，一旦吃过，就会上瘾了。

资料

栖息在相模湾和山阴的南部。【鲈形圆鲳科】

季节：春季至初夏。

名称：以前被叫作“CHIGOMEDAI”。

食用：最近被晒干后流通。遗憾的是虽然味道很好，但因为名字奇怪所以卖不出去。但是，请买来试试吧！

也许只有樱岛附近的锦江湾才能全年捕得到这种鱼

相对稀有的鱼。研究人员说：“这是一种想要得却得不到的鱼。”它是手掌大小的小鱼，属于深海鱼。这种鱼有时会大量进入拖曳网，但是因为不知道叫什么名字，会引起一阵骚动。外观虽然不好看，但是味道很好，因为不显眼，所以也卖不出好价钱。我觉得自己就像这样的鱼，因此见过一次就被它深深吸引，所以我就用它的名字作为笔名。

坊主蒟蒻没有令人讨厌的味道，让人很有好感，令人回味。这是一种很接近刺鲳的鱼，由此可以想象它的味道。在鹿儿岛县有比较稳定的捕鱼场，请去那里品尝一次。鹿儿岛市的寿司店们，要不要让我的分身成为特色菜呢？味道有我做担保，必定生意兴隆哦！

图书在版编目（CIP）数据

寿司食材图鉴 /（日）藤原昌高著；刘昊，倪俊华译. — 北京：中国轻工业出版社，2021.8
ISBN 978-7-5184-3565-4

Ⅰ. ①寿… Ⅱ. ①藤… ②刘… ③倪… Ⅲ. ①米制食品—食谱—图集 Ⅳ. ①TS972.131-64

中国版本图书馆CIP数据核字（2021）第125821号

责任编辑：杨 迪　责任终审：劳国强
整体设计：锋尚设计　责任校对：晋 洁　责任监印：张京华

出版发行：中国轻工业出版社（北京东长安街6号，邮编：100740）
印　刷：北京博海升彩色印刷有限公司
经　销：各地新华书店
版　次：2021年8月第1版第1次印刷
开　本：889×1194　1/32　印张：8
字　数：400千字
书　号：ISBN 978-7-5184-3565-4　定价：78.00元
邮购电话：010-65241695
发行电话：010-85119835　传真：85113293
网　址：http://www.chlip.com.cn
Email：club@chlip.com.cn
如发现图书残缺请与我社邮购联系调换
200350S1X101ZYW